实用花艺色彩

万宏 著　中国林业出版社

序

基础 从色彩开始

　　从来没有给书写过序，所以，当万宏老师打来电话，让我为这本《实用花艺色彩》作序时，我还小小地激动了一把。

　　就从创办花艺在线的初衷开始说起吧。

　　2011年，我做了一场活动，邀请亚洲几位顶级的宴会设计师来北京做婚礼秀，活动后有个培训——让几位大师讲讲创作的思路，却没想到从全国各地涌来了近百位观摩者，于是就萌生了做网站方便大家学习的想法。

　　"花艺在线"第一期视频就是万宏老师录制的，内容是一个情人节花束，一个教师节花束，一个鲜花水果礼篮。当时的想法很简单，就是希望学员学习了课件后，可以迅速将视频里的设计转化成商品，迅速销售，然后有资金再来学习，从而形成一个正向循环。

　　但随着对大陆花艺教育市场不断加深了解，再加上去日本考察以及收集的其他国家花艺教育的资料，发现单品的花艺作品视频并不能满足教育的需要。与万宏老师沟通后，发现他也深感于此，于是由万宏老师发起成立了"花艺在线"的专业技术委员会，开始录制系统课件，其中有一套就是实用花艺色彩。

　　"花艺在线"从成立至今已经一年多的时间了，我不断地在思考，花艺教育到底应该教些什么内容？

　　有人说，中国的花艺教育最缺的是"创意的点子"，持有这种观点的人不在少数，他们大部分认为，我们的手和脑并不笨，基本功也很扎实，只是缺乏创意，做出来的东西往往落入俗套，得不到市场的认同。持有这种观点的人，希望得到的更像是"打样儿"式的教育。

　　也有人说，我们最缺的是基本功，各式各样创意层出的设计并不少见，但粗糙的手工和贫乏的表现手法，往往让作品沦为山寨版，而失去艺术价值，这样的人更希望得到扎实的基础教育。

　　其实在我看来，这些说法都有道理，它们反映了中国大陆目前花艺教育欠缺的方方面面。

　　一方面，花艺作为一门生活美学艺术门类，还没有得到大规模的普及。国家的学历教育中，并没有花艺或与之相关的学科，而在日韩等花艺发达国家中，从小学开始就有花艺相关的课程。目前社会上存在的花艺培训，多数为短期的商业培训，而且基本上是以职业技能培训为主，学习的目的更多是为了"就业和谋生"。这就决定了，花艺教育并没有广泛的学习基础和氛围，学习者多为行业内的从业人员，而众多的从业人员学历普遍不高，缺乏良好的文化素质教育，对于学习的态度也非常短视，只学那些今天可以赚钱的"商品化"的知识。

另外，从事花艺教育的机构或个人，由于没有雄厚的资金支持，迫于生存的压力，也只能"屈服"于市场，推出的课程多为短期的商业培训，缺乏系统性、理论性和文化内涵。

这好像是一个死扣，谁也解不开。

事实上，在花卉行业里有诸多类似的死扣。比如材料的丰富性和普及性，一方面，花艺师抱怨当地没有丰富的花材和其他材料可以使用，另一方面，种植者又会因为使用量太小形不成规模化量产而不去开发和种植。

教育的推动和普及是可以改变这些状况的。就像十几年前的北京市场，万宏老师他们那一批学池坊花艺的设计师，到处去找枝条类材料运用到自己的花艺设计中去，从而越来越多的设计师开始使用枝条类材料，而市场上就开始出现了很多生产厂家去开发更多的枝条类材料。

所以在任何时候，教育都是先行的，剩下的就是坚持和时间。

好了，啰嗦半天，都差点忘了说这本书了。

这本《实用花艺色彩》是万宏老师和"花艺在线"合作编写的第一本书，也是国内第一本非常实用的学习花艺色彩的工具书。本书历时半年多，期间万宏老师反复修改，力求完美。万宏老师旨在通过101件作品实例，让大家建立起正确的色彩分析方法和运用技巧，从而结合到自己的设计实践中去。

希望大家喜欢！

花艺在线　崔玉龙
2013.2.19

目录 CONTENTS

序
概论
阅读说明

part 1 红色系

红色 黑色	18
红色 白色 蓝色	20
红色 橙色	22
红色 橙色 黄色	24
红色 不同深浅绿色	26
红色 粉色	28
红色 黄色 蓝色	30
红色 绿色	32
红色与紫色	34
红色单色系	36

part 2 粉色系

粉色单色系	40
渐变粉色	42
粉色 黄色 蓝色	44
粉色 灰粉色	46
粉色 香槟色 咖啡色	48
粉色 桃红色	50
粉色 玫瑰红色 红紫色	52
粉色 桃红色 紫色	54
粉色 红色	56
粉色 紫色	58

part 3 橙色系

橙色 橙红色 红色	62
橙色 橙红色 咖啡色	64
橙色 黄色	66
橙色单色系	68
橙色 咖啡色	70
橙色 蓝色	72
橙色 紫色 绿色	74
香槟色 浅蓝色	76
香槟色 紫色 绿色	78

part 4 黄色系

黄色 白色	82
黄色 橙色 橙红	84
黄色 金黄色 咖啡色	86
黄色 绿色	88
黄色 紫色 蓝色	90
黄色 紫色	92
黄色 香槟色	94
黄色单色系	96
黄色 金色 橙色	98

part 5 绿色系

湖绿色 黄色渐变	102
绿色 白色	104
绿色 粉色	106
绿色 红色	108
绿色 黄色	110
绿色 咖啡色	112
绿色 桃红色 湖绿色	114
绿色 香槟色 藕荷色	116
浅绿色单色系	118
深绿色单色系	120

part 6 蓝色系

渐变蓝色	124
蓝色 橙色	126
蓝色 湖绿色 蓝紫色	128
蓝色 金黄色 橘红色	130
蓝色 咖啡色	132
蓝色 绿色	134
蓝色 玫红色 黄色	136
蓝色 水红色 浅黄色	138
蓝色 香槟色	140
蓝色 紫色	142

part 7 紫色系

紫色 橙色 绿色	146
紫色 红紫色 蓝紫色	148
紫色 红紫色 桃红色	150
紫色 金黄色 嫩绿色	152
紫色 咖啡色	154
紫色 浅黄色	156
紫色 桃红色	158
紫色 香槟色 浅绿色	160
紫色单色系	162

part 8 咖啡色

咖啡色 白色	166
咖啡色 黑色 灰色	168
咖啡色 黄色 紫色	170
咖啡色 金属色	172
咖啡单色系	174
咖啡色对冷色调的调节	176
咖啡色对浅色调的调节	178

part 9 缤纷色

暗调缤纷色	182
纯色缤纷色	184
灰调缤纷色	186
冷调缤纷色	188
冷调缤纷色的调节	190
暖调缤纷色	192
暖调缤纷色的调节	194
浅调缤纷色	196

part 10 无彩色

白色 粉色 黄色 绿色	200
黑色 白色	202
黑色 白色 灰色	204
黑色 橙色	206
黑色 粉色	208
黑色 红色	210
黑色单色系	212
灰色 白色	214
灰色对纯色的调节	216

part 11 金属色

金色 白色	220
金色 橙色	222
金色 红色	224
金属红色 绿色	226
金属蓝色 灰色	228
金属桃红色 桃红色	230
金属香槟色 香槟色	232
金属银色 紫色	234
金属紫色 浅紫色	236
七彩光 浅色	238

概论

关于色彩

色彩是事物最显著的外部特征，也是几乎所有事物第一个直接映入人眼的要素，影响着人们对事物的第一印象。著名色彩学家伊顿（Johannes Itten）认为："色彩就是生命"，"因为一个没有色彩的世界在我们看来就像死一般"。而蓬勃生机的大自然孕育着世上最丰富的色彩。每一朵花、每一株草、每一棵树，甚至同一片叶、同一支花茎、同一个果实都有着不同层次的颜色。

世界上千变万化的色彩中，玫瑰红（品红）、湖蓝、柠檬黄三种色彩是最基本的，它们无法用其他颜色混合调节出来，是最原始的颜色，被称为原色。

颜色分为两大类：有彩色与无彩色。无彩色包括黑、白及由黑白二色用不同比例调制出的各种灰色，黑色和白色也是最基础的颜色。有彩色是除了黑、白、灰以外的各种颜色。有彩色中除了三个原色，其他有彩色都可以用三原色以及黑色、白色经过混合调制出来。用一个简单的方法可以分辨有彩色与无彩色——用黑白相机来拍照，照片与实物色彩一样的为无彩色，照片与实物色彩有明显分别的即为有彩色。有彩色具有色相、明度、彩度三个属性。

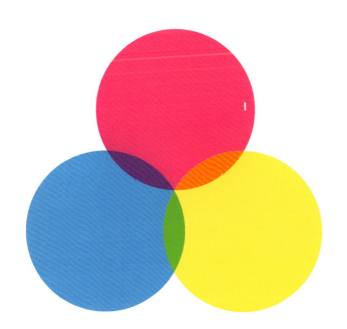
三原色及两个原色的相互混合

无彩色

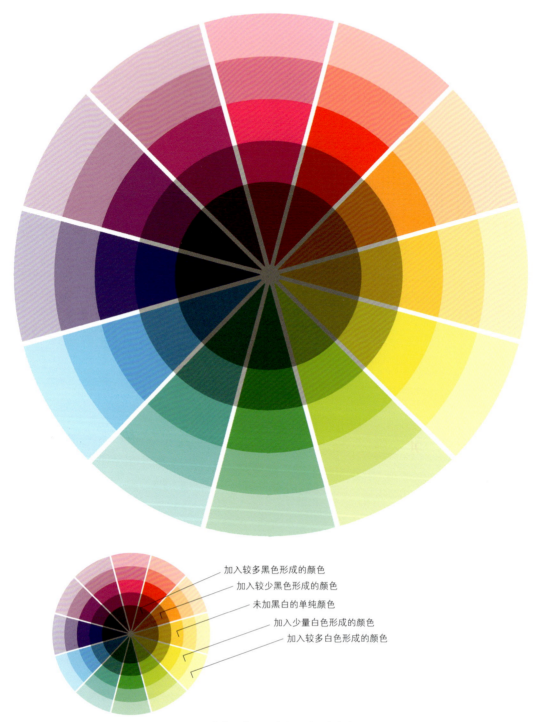

带有明度、彩度变化的12色色相环

纯色色环

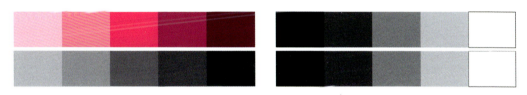

有彩色与无彩色在黑白照片中的表现
（上：色彩原貌，下：色彩的黑白照片，左：有彩色，右：无彩色）

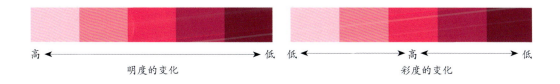

高 ◄——————————► 低　低 ◄——————► 高 ◄——————► 低

　　　明度的变化　　　　　　　　　　彩度的变化

　　色相，即各类色彩的相貌称谓，如大红、柠檬黄、苹果绿等，是色彩的首要特征。

　　明度是指颜色明亮的程度。明度越高，则越亮越淡；明度越低，则越暗越深。最亮的颜色是白色，最暗者为黑色，均为无彩色。有彩色的明度，越接近白色者越高，越接近黑色者越低。由两个原色混合而成的单纯颜色和原色统称纯色，原色和仅纯色具有颜色本身的明度，纯色中柠檬黄的明度最高、紫色的明度最低，从柠檬黄到紫依顺序明度逐渐降低。

　　彩度是指颜色的鲜艳程度，无彩色是彩度最低的颜色，三种原色是彩度最高的颜色。世间的绝大多数颜色，都是由三种原色和黑白这五种基础颜色混合调配出来的，颜色越单纯彩度越高，颜色中包含的基础颜色种类越多则彩度越低。

要掌握原色、有彩色、无彩色之间的关系，理解色相、明度、彩度这三大属性，就要学会分析色彩，就需要了解一个颜色中包含了哪些基础颜色。建议大家可以到美术商店，买来玫瑰红、湖蓝、柠檬黄、黑色、白色这五种广告色，将你看到的颜色用这五种颜料调节出来，经过一段时间的训练，你就会很容易看出一个颜色中包含了哪种基础颜色。

色彩的搭配方式，大致分为五种方式：

单彩色搭配
即使用同一颜色的不同深浅变化的花材进行搭配，如红色单色系的搭配，渐变粉色的搭配等，此类色彩搭配柔和单纯，常表现出优雅的气质。

邻近色搭配
是指由色环上几个相邻的颜色的花材相互配合，如粉色、玫瑰红色与红紫色、橙色与黄色等，通常能表现出温和协调的效果。

对比色搭配
是指在色环上两个(组)相对立的颜色的搭配，比如红色与绿色、黄色与紫色等组合颜色，通常能表现出强烈对比、跳跃感、撞击感的效果。

三角色搭配
在色环上刚好构成等边三角形的三个颜色搭配在一起称为三角色配色，如红黄蓝三色、橙色与紫色和绿色三色等都属于三角配色，是非常明朗、强烈、活泼的颜色组合方式。

多种颜色搭配即缤纷色彩的搭配
在色环上包含很多相邻色彩，而且颜色跨度非常大的配色方法。如使用得当它能给人奢华、艳丽的色彩效果，令人感觉到世界的丰富多彩。

在花艺设计当中，颜色搭配的好坏，常常决定着花艺作品的成败。一个好的作品色彩必定是协调的，无论它表现的主题是素雅还是奢华、柔美还是艳丽。而一个色彩有明显缺陷的作品，不论其造型多么出色也会归为失败的作品。

花艺色彩与单纯的美术色彩有许多不同之处，美术上的色彩可由颜料随心调配，有更多的可控制性，而花材的色彩是自然形成，并多为复色色彩，即一朵花会包含许多不同的颜色，因此，在花艺设计中，色彩的搭配则需要对色彩有更多的分析与理解。

花艺设计家们从来没有停止过对色彩的研究与学习。初始学习花艺的人们，更是对花艺色彩趋之若鹜。为了让更多的花艺爱好者及花艺从业人员能够学习到实用而正确的花艺色彩知识，特别出版此书，供大家参考。

本书分为红色、粉色、橙色、黄色、绿色、蓝色、紫色、咖啡色、缤纷色、无彩色及金属色11个色系101个作品进行逐一搭配示范,以最直接的方式来呈现花艺色彩设计的奥妙之处。

红色系是我们中国人最喜爱的颜色,其中大红色是最热烈的颜色,代表着喜庆以及欢愉。同时,红色有着警示的作用,预示着危险。红色属暖色系,具有前进感、膨胀感、沉重感。它是代表夏天、秋天的颜色,代表火、热、温暖、喜悦、活泼、积极、喜庆、欲望、危险等。

粉色,是由红色和白色混合而成的颜色,被归为红色的一种,通常也叫粉红色。属于暖色系,同时也是偏向女性的色彩,代表浪漫、温馨、甜美、青春、妩媚、明艳、柔嫩等等。粉色是非常容易搭配的颜色。在花艺设计中,粉色使用也相当广泛,尤其在婚礼花艺当中。

橙色,是界于红色与黄色之间的颜色,也可以称为橘黄或橘色。橙色是暖色系中最温暖的颜色,给人欢快、明朗、阳光、活泼、健康的感觉。橙色是阳光的颜色,是热带具有代表性的颜色,也是夏、秋的颜色,在西方橙色也是万圣节的颜色,用于庆祝丰收。近几年在婚礼花艺中,橙色的搭配设计也越来越受顾客喜爱,橙色非常适合营造欢快的气氛。

黄色,是三原色之一,属于暖色系,是所有颜色中最明亮的颜色。具有轻快、辉煌、明亮、醒目、健康、财富的含义,是令人充满希望和活力的色彩。在中国封建朝代,自从宋朝以后,明黄色是皇帝专用颜色。在中国丧葬仪式上常使用白色和黄色。柠檬黄色是属于比较中性的颜色,搭配紫色会撞出强烈的对比及活泼感,而搭配嫩绿色可以渲染小清新的风格。黄色在四季都会广泛运用,搭配粉红色会表现出春天的明媚,搭配白色和翠绿色可以表现夏天的清新与凉爽,搭配橙色、咖啡色能表现出秋天的丰收景象,搭配红色可以表现冬季节日的喜庆。

绿色，是最平和的颜色，在各种植物当中都含有这个颜色，因而在花艺设计中绿色往往容易被大家忽略。绿色象征和平、健康、安详、宁静以及生命，它是抚慰心灵的颜色，给人以安全感，所以最安全可靠的健康食品被称为"绿色食品"，国际上最著名的环保组织也命名为"绿色和平"。其实绿色在花艺色彩设计中占有很重要的一部分。不同层次的绿色在使用时会有不同的效果，比如嫩绿色通常是春天的颜色，如果在冬季作设计时选用一个嫩绿的颜色，就会产生一种冬天要过去春天将要到来的意象。而如果在作品中使用深绿色就会给人一种秋冬的成熟感。

蓝色是三原色的一员，其对比色是橙色，邻近色是绿色、紫色、青色。蓝色纯净而悠远，通常让人联想到海洋、天空、水、宇宙。纯净的蓝色表现出一种美丽、冷静、理智、安详与广阔。蓝色是冷色的代表，具有收缩感以及沉稳的特性，给人理智、准确的意象，另外蓝色还表示秀丽清新、宁静、忧郁、豁达、沉稳。现在的花艺设计中，经常会涉及到蓝色的设计，但是纯正的蓝色，花材市场上并不多见，大多数称为蓝色的花材都是蓝紫色的，常见的真正为蓝色的花材有：绣球、矢车菊、飞燕草、日本龙胆、刺芹等，为了补充蓝色花材的缺乏，花卉生产商也会用人工染色的方法创造蓝色花朵，其中最为著名当属"蓝色妖姬"玫瑰了。

紫色，是由红色与蓝色融合而得来的色彩。在色环上我们会看到紫色是处于红色与蓝色之间的位置，属于冷暖之间的过渡颜色。在偏向红色方向的紫色会偏暖些，而偏向蓝色的紫色会比较冷些；紫色总体来说是偏向女性或中性的色彩，是一个性格多变的颜色，象征着高贵、优雅、神秘、浪漫。黄色与紫色互为补色，两者搭配对比效果强烈。不论在中国还是欧洲，传统里紫色是非常尊贵的颜色，应用得好就会非常高贵、时尚。

咖啡色大多都属于低彩度的颜色，是色彩里最低调的一个颜色，它包含的基础颜色通常比较多，是有彩色里最接近无彩色的颜色。它给人优雅、含蓄、朴素、庄重的印象。从感观上来分析，咖啡色给人安全、温暖以及低调、沉稳的感觉；从季节来分析，咖啡色是让人联想到秋天和冬天的大地的颜色。咖啡色可以与多种颜色搭配，并起到调节的作用，比如与浅色搭配可以让浅色更有内蕴，与冷色搭配可以增加温暖的感觉，与暖色搭配可以降低燥热的气氛等等。在自然界中咖啡色的花材并不多见，通常秋季的果实或花穗中比较常见。常见的咖啡色花材有咖啡色安祖花、小菊、向日葵、猫眼、麦穗、枯藤、干莲蓬等等，在花艺发达国家，咖啡色的玫瑰、康乃馨、洋桔梗都已广泛销售。

　　缤纷色，是指由多种颜色相互搭配在一起的复杂颜色组合，由于这种颜色组合往往没有十分突出的主色，我们将它单独列出。在缤纷色这个系列中，我们列举了浅色调、深色调、冷调、暖调、纯色、灰调缤纷色等多个范例。浅色调会给人甜美的感觉，像春天般温暖；而暗色调体现的则是深沉的优雅，给人低调的印象；冷色调的搭配又表现得清爽宜人，适合夏季应用；暖色调的搭配能给人强烈的视觉冲击力，适合冬季及喜庆场合；灰调能呈现出高贵的质感，纯色会表现出明艳亮丽等等，虽都是多种颜色搭配，但能表现出各自不同的效果。

　　无彩色是以黑色、白色以及不同比例的黑白调和出的各种灰色组成的色彩系统。它们有明亮变化，却没有彩度，在色彩应用中通常起到调和的作用。黑色是个性的、诡异而又神秘的色彩；白色是纯洁的、优雅而又明亮的，运用到作品中能提高作品的亮度；灰色是介于二者之间，低调而优雅的元素，是非常好的提升质感的调和颜色。在自然界中白色的花材是比较常见的，但纯黑及灰色的花材却是不常见的，特别是黑色。

金属色，通常不是花材的颜色，但是现代花艺设计中却越来越多地开始运用金属色。金属色是金属及金属质感的物件所特有的颜色，通常是具有强烈反光感的有彩色，传达出或冷硬或尖锐的印象。但因金属色带有反光性，非常耀眼，因而在与其他颜色搭配时又能制造出一种华丽、高贵的感觉，比如节日中常用的银色、金色、古铜色。现在金属紫、金属蓝、金属红、金属绿等金属色也在市场上出现，并应用在花艺设计中，表现出特有的时尚感、现代感。

现代科技的发展也带来了更加丰富的色彩，比如光盘特有的七彩光效果。由于它是不同于普通颜色的发色原理与效果，我们将它列入发色效果比较特殊的金属色中。

在本书中，为大家列举了101种不同的色彩搭配方案，目的是引导大家进入绚烂的花艺色彩世界，让大家对花艺色彩有直接的感性的认识。通过101个实例的讲解，不仅为大家讲解基础的色彩搭配，还更进一步地将花艺色彩搭配原则中的同色系搭配、对比色搭配以及邻近色搭配等原则都一一说明，让学习者不再因为单一的理论课程而一头雾水。希望通过大量的色彩作品实例告诉大家，只有通过长期的练习与分析后才能够做到面对每一种色彩都能够胸有成竹。

相信每一个研习此本《实用花艺色彩》的人，都会有自己的理解和学习方法。我建议大家可以按照这样的顺序来学习：首先按照课程中的每一个色系进行逐步的学习，对该系色彩有一个大致的了解。然后，根据实例进行模仿，制作出初级的作品。之后，按照每个示范作品的色彩搭配更换材料种类，创作自己的作品，在创作过程中如果遇到问题，可再仔细阅读示范作品中讲解的要点。希望每一个学习者，多与其他学习者一起交流沟通，交换学习心得。相信通过每个色系课程的学习，大家对于花艺色彩理解都会有一个突飞猛进的提升。下面就开始我们的花艺色彩学习吧。

概论

14 | 15

阅读本书的方法

页码及色系色标,从书侧面可方便找到要找的的色系

案例作品所用色彩在色环上的位置,可以看到各色彩之间的相互关系

案例作品的材料对应的色彩,方便读者了解作品色彩的构成

案例作品重点区域图或全图

案例作品的整体色彩阐述

64 | 65

橙色,给人温暖、热情的感觉,同时也是非常具有秋天气息的色彩。在西方,也常会被用于万圣节,用来表示丰收及喜庆。在秋收时期,园子里的南瓜长成了太阳般的橙色,用到应景的花艺设计中可以突显生活气息。本作品尤如南瓜当中开出层层的花朵,给人具乐无穷的想象,似乎花也变成一道美味的菜肴啦!

主花材: 玫瑰 松果菊 络藤 南瓜 橙多头康乃馨 香槟多头康乃馨 俊康乃馨 麦秆 黄金球

色彩运用说明

◆ 橙色、咖啡色及橙红色属于连续变化的邻近颜色,使作品的颜色表现柔和而不失层次感。

◆ 咖啡色因为颜色比较重,在插制时,尽量插在里层,这样给人比较稳定的感觉,并加强层次感。

◆ 在作品中,为了让主色比较突出,在插辅助的色彩时尽量以小点分散的方式来插,从而比例缩小,减轻分量。

◆ 橙色是非常适合秋天的颜色,常与其他温暖的色彩搭配,用来表现秋天丰收的喜悦心情。

技巧运用说明

◆ 南瓜做花器,中心的瓤一定要掏干净,在放置花泥时要用玻璃纸做好防水措施,否则南瓜易腐烂。

◆ 麦子秆剪成等长的小段,用细铁丝捆扎成束来做装饰应用,就像丰收时人们用粮食做成的挂件一般。

◆ 用一两枝细枯藤在作品外围做线条装饰,能让圆形的作品产生律动感,并突显自然气息。

案例作品整体图

橙色 橙红色 咖啡色

对作品色彩的运用作出解释,帮助读者理解色彩选择的原因

作品中运用的技巧,使读者在学习色彩的同时也学到创作技巧

材料名称

案例作品包含的材料

part 1 红色系

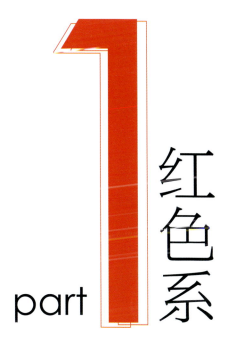

红色是三原色之一，能与黄色、蓝色调出任意色彩。属暖色系，表现前进感、膨胀感、沉重感。在中国，红色代表着喜庆以及欢愉。而同时，红色是警告的信号，预示着危险。而红色也是最热烈的颜色，它的对比色（补色）为绿色，是最平和的颜色。红色是代表夏天、秋天的颜色，也代表火、热、温暖、喜悦、活泼、积极、喜庆、欲望、危险等。在花艺设计中，红色是使用非常广泛及频繁的一种颜色，且市场上红色的花材也非常丰富。红色常用的花材：玫瑰、康乃馨、非洲菊、火炬、蔷薇、芍药、石竹梅、鸡冠花、千日红、朱顶红、小菊、金丝桃、红瑞木、红柳、红叶石楠等等。

红色 黑色

红色与黑色在色彩设计里面是一组永恒经典的搭配色彩。红色热烈、张扬，黑色深沉、内敛，两者搭配相辅相成、浑然一体。在花材当中，黑色花材是非常稀有的品种，通常会借由其他辅料来完成这种色彩搭配，因此红色与黑色的搭配通常会以现代的方式出现。在大自然中红色和黑色是极致的色彩，它们的组合往往具有强烈的装饰感。

主花材： 1 红色孤挺花 2 竹子 3 黑鹅卵石

色彩运用说明

- 黑色是深沉的色彩，通常起调节矛盾的作用，具有很强的衬托色彩的功能，如本作品，黑色的加入不仅稳住了红色的阵脚，同时也使红色更加强烈夺目。
- 对比关系在现代花艺设计中应用越来越广，作品中表现了色彩的对比、质感的对比、生命与无生命材料的对比，体现强烈的视觉冲击力。
- 将细竹枝做的架构喷成黑色，插在作品中段位置，一是与底部黑色相呼应，一是延伸黑色与红色的融合度。

技巧运用说明

- 孤挺花花茎中空，剪切后，根部易分叉且不易吸水，可以用防水胶带（或透明胶带）将基部缠住，这样比较方便插入花泥中。
- 孤挺花的花药在花朵刚开放时就要去除，可以防止沾染到顾客身上造成不好影响，并且可以保持花朵的新鲜和整洁感。
- 制作架构时，捆扎点都系在枝与枝的交叉点。

红色 白色 蓝色

红色热烈，蓝色安静，白色平和，这三种颜色搭配在一起，表现色彩的鲜明对比。红色与蓝色的搭配表现的是热闹与安静、温热与清冷的对比，是非常强烈的对比设计，因此为了平衡这种对比，本作品中加入了大比例的白色，白色在当中起到的是柔和过渡的作用，让作品不过分安静也不过分吵闹，犹如让作品的氛围从吵闹趋于理性的过程。

主花材： 1 红色康乃馨 2 红色郁金香 3 白玫瑰（雪山） 4 滨菊 5 蓝色绣球
配　材： 1 高山羊齿（芒叶）

色彩运用说明

- 红色与蓝色虽不是互补色，但红色表现热烈，蓝色表现安静，这两者仍然有很强的对比效果。
- 无彩色白色可更好地衬托花艺作品本身的色彩，且有效地减弱红与蓝的矛盾感。
- 花器颜色的快速搭配方法：一种方式是选择白色、黑色或灰色等无彩色的花器，是比较安全平稳的色彩搭配方式；一种是从所用花材的颜色中去挑选搭配，能让作品保持协调统一性。
- 将同种花成组地插制，可使作品呈现大色块的效果，可突出色彩的表达。

技巧运用说明

- 小花蕾可以适当地点缀在作品中，可以呈现出花开的过程，从而增加作品的生命力。
- 绣球花通常比较容易脱水，因此在插制之前可以先让绣球充分吸足水，以缓解枯萎速度。
- 在插三面观的作品时，正面花材要选择大朵的，背面的花材相应选择小朵的，这样可以形成近大远小的立体透视效果。

红色 橙色

红色与橙色在色环上是相邻的颜色，同时两者都是最典型的暖色，在视觉上会让人感觉温暖和阳光。本作品采用的是水果搭配花材的设计手法，花材的绒质色彩感觉与水果的光滑色彩融合对比在一起，显得作品热烈而活泼，秋天丰收时热火朝天的氛围就这么跃然眼前了。

主花材： 1 橙红百合 2 红色康乃馨 3 红色火炬鸡冠 4 橙红小菊 5 松果菊（猫眼） 6 橙玫瑰 7 轮蜂菊
配　材： 1 红色火龙珠 2 米兰叶 3 高山羊齿（芒叶）

色彩运用说明

- 红色到橙色在色相环上是一个连续性的过渡颜色，它们的成分组成通常比较相似，将它们搭配在一起是最安全、平稳的搭配方式。
- 红色为整个作品奠定了热烈、活泼的基调，再加入相似的橙色后更是给人温暖、浓烈的感觉。
- 搭配的水果也选择红色到橙色的颜色，与花材的颜色保持协调呼应。
- 红色搭配橙色表现的色彩非常饱满热烈，但容易浮躁，适当地加入一些咖啡色的猫眼（松果菊）及轮蜂菊，能在增加作品层次感的同时，使作品变得更加沉稳、敦厚。

技巧运用说明

- 插叶材打底时，依据植物的生长姿态从中心往外逐渐散开的形式来插置，从而增加作品的层次感。
- 先插叶材再插花材，可以形成花从叶中开出来的效果，让作品更具有自然气息。
- 为了更好地制造变化感，同一种花材尽量不要以完全平均分布的方式来插置，可以用组合搭配分散的方式来插。

红色 橙色 黄色

红色、橙色及黄色都是属于暖色系的颜色，这三种颜色在色环上是连续性变化的颜色，同时这种颜色的搭配会表现出一种非常热闹、欢快的气氛。在本作品中，在这三种颜色的花材中加入了非常多的绿色系的叶材，也是为了平和这种热烈的感觉，从而让作品不过分吵闹，反而会有一种温暖热情的感觉，这种色系非常适合节日或庆祝的场景。

主花材： 1 红玫瑰 2 红色非洲菊 3 橙色亚洲百合 4 橙色康乃馨 5 黄色六出百合 6 黄色金鱼草
配　材： 1 百合竹 2 春兰叶 3 高山羊齿（芒叶） 4 龟背叶 5 橘叶 6 绿朱蕉 7 银边黄杨

色彩运用说明

- 红色、橙色、黄色在色相环上是连续性变化的颜色，搭配在一起有连续的过渡效果。
- 红色与黄色的搭配往往让人感到色彩浮躁而艳俗，加入橙色使色彩产生延续的过渡变化，可让作品变得柔和。
- 将同种颜色的花材呈三角形的方式来布局，制造颜色的变化效果和节奏感。
- 同一种颜色选用不同质感的花材，可以让作品表现得更丰富、更有层次。

技巧运用说明

- 以螺旋技法制作花束，中心选择枝杆较直的花材比较利于螺旋的制作。
- 在堆积式的花艺作品中，可适当地加入线条来延伸空间，打破因花材紧凑造成的局促感。
- 在花束底部成组地加入一圈叶材，收尾的同时起到承托及遮盖的作用。

红色 不同深浅绿色

常有人说红花还需绿叶配，红色在绿色的陪衬下会更美丽，这就是对比的配色所能表现出来的效果，即用一种颜色做陪衬从而突出另一种颜色。在本作品中，在红色与绿色搭配的同时还使用了一定比例的白色，让红色的热烈变得温和，并减弱红绿配色的矛盾感，使得作品表现出一种清新的效果。

主花材：1 红色康乃馨 2 一叶兰 3 春兰叶 4 绿色小扣菊 5 绿色安祖花 6 天鹅绒 7 白玫瑰

色彩运用说明

- 红色与绿色互为对比色，两种颜色搭配会产生非常强烈的跳跃感。
- 红色的艳丽与白色的纯洁也形成一种明暗、动静的对比。
- 将同一色彩聚集形成块状来搭配，可以让色彩的表现力量更强烈。
- 本作品运用比较多浅调的绿色来搭配红色，同时加入了白绿色，有效地降低了红色与绿色的矛盾感，并显得活泼、清新。

技巧运用说明

- 在花束的螺旋点用兰叶来做捆绑装饰，遮盖绑扎绳的同时减少人工痕迹，使作品更自然。
- 康乃馨在养护的过程中很容易滋生细菌而腐烂发臭，在水中加入保鲜剂或微量的84消毒液，即可有效减少细菌的产生。
- 造型紧凑的半球形作品给人局促的感觉，适当地加入一些线条后可以增加作品的生动性。

红色与粉色在色环上是纵向的颜色变化关系，粉色由大红色加入白色而来，暗红色则由红色加入黑色而得。红色与粉色搭配，温暖、欢快而喜悦。本作品一反通常红色、粉色搭配的传统作法，采用简单的创作方法，将色彩感重的红色放置于作品下端外围，表现稳重感及支撑力，色彩感轻的粉色则布置在作品中央，在深色的衬托下表现出膨胀感及扩张力。

主花材： 1 红瑞木 2 红色康乃馨 3 艳粉玫瑰 4 粉色古代稀 5 粉色康乃馨

色彩运用说明

- 作品表现的是深红到浅粉的一个连续变化的色彩，这种连续性色彩的搭配方式给人很温和的感觉，通常用来表现传统的作品。
- 浅色会有向外扩张的感觉，而深色则有向里收缩的感觉，在使用时可以将颜色重的花材插在底部，颜色浅的布局在上端，这样会更有层次感。
- 将深红色插在外围，把粉色包裹在其中，深色与浅色的对比引发联想，从作品中可以读出，新的生命从陈腐的旧物中渐渐生长并向上扩张的感觉。

技巧运用说明

- 如果要将两块花泥拼接在一起使用时，可以用两三根细枝条倾斜地插入两块花泥的连接处做连接固定，这样可保持花泥的稳定性。
- 对于一些含苞待放的康乃馨，可以用手轻捻花苞，花瓣在揉搓的作用下就会扩张开放。
- 红柳的线条与下部的团块状花朵形成对比，使作品呈现很强的现代感。

红色 黄色 蓝色

红色、黄色与蓝色是三种最原始的颜色，它们的搭配是非常明朗、强烈的组合方式。红色、黄色属于暖色系，蓝色则属于冷色系，这三种颜色的搭配通常会有非常鲜明的映衬效果。在本作品中，红色与蓝色在一起形成非常耀眼的对比，而蓝色以及绿色加入后降低了红色、黄色产生的浮躁感，让整个作品表现出热烈但不妖艳的视觉效果。作品整体色彩比较跳跃，非常适合节庆场合使用，同时蓝色的加入增加了作品的男性气质，因此送给男士非常合适。

主花材： 1 蓝紫色大花飞燕草 2 红色玫瑰 3 红色非洲菊 4 袋鼠爪 5 枯藤
配　材： 1 高山羊齿（芒叶）2 莎芭叶 3 新西兰叶 4 银边黄杨

色彩运用说明

- 红色、黄色属于暖色系，蓝色则属于冷色系，这三种颜色的搭配对比非常鲜明。
- 枯藤属于比较中性的咖啡色，在跳跃的色彩中搭配可以有效地调和各色彩之间的矛盾感。
- 暖色通常给人膨胀感，冷色给人收缩感，通常暖色应在作品外面，而冷色应在作品靠内侧的部分。本作品违反插花通常内冷外暖的色彩应用方式，是因为考虑花材的特点：蓝色的飞燕草为线条花材，宜向上伸展。

技巧运用说明

- 枯藤在使用之前用清水浸泡一段时间，可让藤条柔软而便于弯折或造型，使用温水浸泡还可加快变软速度。
- 叶材在使用时，应注意方向性，让叶材也呈现与花材相同的放射状结构。
- 在插自然式花艺作品时，要尽量利用植物自身长成的形态，减少人工痕迹，这样有利于表现植物最原生的自然状态。

红色 绿色

红色与绿色为互补色,两种颜色搭配,可以表现出跳跃、活泼的气氛。本作品从造型来看,红色是被绿色从上至下包裹的,占的比例也不大,但是视觉上可以很明显地感觉红色色块从中跳脱出来,强有力地抓住了人的视线,这就是对比的作用。平和的绿色让热烈的红色更具有活跃感。

主花材: 1 红康乃馨 2 一叶兰 3 文竹

色彩运用说明

- 红色与绿色是色彩中最有个性的两个颜色,一个热烈,一个平和,它们的组合最能表现色彩的对比与跳动感。
- 深绿色给人沉稳的感觉,而红色是比较躁动的颜色,因此红色能在大比例的绿色中跳跃出来形成焦点。
- 在对比色的搭配中,为了突出某一种颜色,可以采用将其他颜色变暗,以突出作品的主题色彩。

技巧运用说明

- 一叶兰叶片比较厚实不易脱水,适用于脱水装饰,例如配合冷胶及回形针装饰成花朵形花器。
- 用文竹这种线条感很强的花材加入到作品中,将单个的作品相互连在一起形成组合的作品。

红色与紫色

有句俗语说"红配紫丑得死",这多少会让人对红色与紫色的搭配产生些顾虑,其实红色与紫色搭配好了,也是一对非常漂亮的组合颜色。当然这当中包含许多细节的处理。在本作品中,选择玫红、桃红到葡萄紫的过渡色彩来搭配,让作品表现出高贵、浪漫、优雅的气息,两人烛光晚餐时布置这样一个桌花一定能将浪漫进行到底。

主花材: 1 勿忘我 2 紫红色康乃馨 3 葡萄 4 芍药 5 玫红色石竹梅 6 红玫瑰 7 柔丽丝

色彩运用说明

- 用浅紫色衬托红色,再点缀些许具有光泽感的深紫色葡萄,红色与紫色原本暗沉的不良感觉就全然消失,取而代之的是神秘和浪漫的感觉。
- 红色与紫色在色环上是介于相邻近的两个颜色,这一组连续性的色彩给人丰富、隆重的感觉,适合秋天及隆重场合。
- 同一种颜色的花材以成组的方式来插入,形成色块,突出色彩的效果。

技巧运用说明

- 在瓶插作品中,花材插入水中的部分一定要整理干净,不能留有叶片,否则容易腐烂。
- 可用小节枝杆绑在葡萄下做出插杆,以方便将葡萄插入作品不同位置。
- 用食用油涂抹葡萄表面,可使葡萄更具光泽。

大红色属暖色，是色彩中最热烈的颜色，它可表现前进感、膨胀感、紧张感，代表着喜庆以及欢愉。大红色中加入不同量的黑色，可呈现出暗度不同的暗红色。本作品使用同色系中不同深浅的红色花材来进行搭配，让作品整体呈现出一种热烈、隆重、沉稳的气氛，非常适合喜庆、庄重的场合。

主花材： 1 暗红色多头玫瑰 2 木百合 3 红瑞木 4 金丝桃 5 红康乃馨 6 红色火炬鸡冠 7 红叶石楠

色彩运用说明

- 大红色是最热烈的颜色，代表着喜庆以及欢愉，红色系的手捧花非常适合中式婚礼。
- 在单彩色的搭配方式中，可用不同深浅以及不同质感的花材来表现变化感及活跃感。如暗红色蔷薇与大红康乃馨相互映衬，让即使只有一种颜色的作品也能表现出丰富、饱满的效果。
- 捆扎时，缎带的颜色也用红色系，从而与作品的颜色保持一致。

技巧运用说明

- 环形架构的制作要点：选择较细的红柳枝条来制作圆环形，在枝条的交叉点用细铁丝或铜丝做捆绑固定，制作过程中尤其要注意环的立体厚度感，让其从侧面看来是一个具有厚度感及空间感的环状结构。
- 丝带捆绑法：将丝带一端预留一个回形圈紧贴捆绑点，另一端绕过圆形圈进行缠绕捆绑，最后将丝带穿过回形圈拉紧，既美观又扎实。
- 手柄的长度依据使用者手的大小来确定，一般保留一个半手握拳头的长度即可。

part 2 粉色系

粉色，是由红色和白色混合而成的颜色，被归为红色的一种，通常也叫粉红色。属于暖色系，同时也是偏向女性的颜色，代表浪漫、温馨、甜美、青春、优雅、明媚、柔弱等等。粉色是非常容易搭配的一种颜色。在花艺设计中，粉色使用也相当广泛，尤其在婚礼花艺当中。同时粉色的花材也非常丰富，如玫瑰、康乃馨、非洲菊、洋桔梗、花毛茛、马蹄莲、绣球、郁金香、风信子、孤挺花、古代稀、石竹梅、芍药、小菊、金鱼草、紫罗兰、洋兰等等。

粉色单色系

红色加入白色变成粉色，加入黑色变为暗紫红色，它们都是红色单色系的颜色。单彩色作品由于色彩的深浅变化也能表现出丰富的层次感。本作品中，茄子的深紫色几近黑色，能很好地衬托粉色的鲜花；球形与线条构成的造型，强调了立体构成中"块"与"线"的关系，表现出一种跳跃、灵动的感觉。本作品是组合式的桌花，用多个小型花艺作品组合成较大的作品。

主花材： 1 红紫色小菊 2 多头桃红康乃馨 3 粉色多头蔷薇 4 粉色石竹梅
配　材： 1 女贞叶

色彩运用说明

- 粉红色是属于女性的色彩，所以粉红色的作品比较适合女性。
- 粉红色是春天的颜色，中间加入一些嫩绿色做点缀，可以更加突出春天的特点。
- 暗紫红色小菊在作品中起衬托、呼应作用，用来突出粉色的娇嫩及与茄子的颜色相呼应，不可多用。
- 本作品中选择了深紫红色、桃红色和粉色来组成了一个单彩色的设计，由于颜色的深浅变化，也使得单彩色的作品具有跳跃感与灵动感。

技巧运用说明

- 将茄子带柄的部分切掉，然后在剩下的部分中间用勺子挖一个洞，装上花泥即可作为花器。
- 花朵部分的半径要跟茄子的半径保持一致，小头康乃馨的花蕾比较长，插花的时候要用力插入花泥，并保持其高度不超出作品中半球的弧线。
- 女贞应将大部分叶子去除掉，可以更好地展现其线条美。此外，将女贞枝条基部剪成斜面后插入花泥中，可使其插得更稳定。

渐变粉色

粉色是红色到桃红色再到红紫色这些颜色加白色变淡所形成的一系列的色彩的统称。本作品中，粉色是由桃红加白形成的，暗红紫色为桃红加黑形成，它们与桃红色形成一个连续的色彩变化。嫩绿色的加入，使对比色的效果突显出来，达到了活跃作品的作用。作品清新浪漫，适用于各类庆典、宴会的桌花设计以及室内装饰。

主花材： 1 暗红紫色芍药 2 桃红色芍药 3 浅粉色芍药 4 八卦草 5 女贞叶

色彩运用说明

- 在作品中少量加入一些暗色能够更好地突出其他色彩的鲜艳。作品中深红紫色突出了浅粉色的稚嫩与桃红色的鲜艳。
- 色彩的节奏：将作品中浅粉色、粉紫色、紫色的芍药相间分布，使其相互间有一个连贯性。
- 起衬托作用的暗色，应控制用量，否则喧宾夺主，会破坏作品效果。
- 嫩绿色跳跃地点缀在作品中，增加了色彩的对比，使作品充满活力，产生春天般的视觉效果。

技巧运用说明

- 花器是花艺作品的一部分，其颜色要与整个作品的颜色相协调。
- 用大量花朵堆砌形成的作品适用于大型的庆典桌花。
- 类似八卦草这类大戟科植物会分泌有毒的白色乳汁，用完此类花材后要及时清洗以免过敏。
- 在作品中适当加入一些律动性较强的线条材料，可以为堆砌的作品增添活跃感。

粉色 黄色 蓝色

红黄蓝是三原色，是所有颜色中最基本也是最鲜艳的颜色。它们在色环中形成了等边三角形的关系，具有强烈的跳跃感。本作品从花器到花材的颜色，都选用了三原色加白淡化后的色彩，在弱化了色彩的同时使作品表现出清爽淡雅以及轻松愉悦的氛围，让人不知不觉间享受着夏日清凉感觉，是非常适合春、夏的花艺装饰。

主花材： 1 粉玫瑰 2 黄色海芋 3 茴香 4 黄色康乃馨 5 浅蓝色绣球 6 银叶菊
配　材： 1 黑背观音莲叶 2 斑春兰叶 3 斑太蔺

色彩运用说明

- 浅色的搭配能弱化色彩矛盾、突出作品的柔美与优雅。
- 浅粉、浅黄、浅蓝之间的色彩对比体现出了三角色的活泼感。
- 全浅色的色彩搭配中，各色彩之间比例的控制是比较粗放的，比较容易掌握。

技巧运用说明

- 海芋的基部泡在水中易开裂变软，插花之前用防水胶带将其缠绕几圈，就不会再开裂。
- 将银色的细铜丝穿过花器上金属文件夹子的空隙，然后放上架构，用铜丝捆绑，即可把架构固定在花器上。
- 用手掌根轻轻顶住海芋的茎，稍稍用力来回拉几下，可使其茎变弯曲。

粉色 灰粉色

灰色，由黑、白两色混合而来。自然界中基本没有灰色的花，但许多花材的颜色带有灰色的成分，如本作品中使用的灰粉色马蹄莲，灰粉色网纹草等。粉色与灰粉色的搭配依然属于单色搭配，灰色的运用可以让作品更显优雅、沉静。

主花材： 1 灰粉色小菊 2 灰粉色海芋 3 粉色金鱼草 4 粉色康乃馨 5 粉佳人玫瑰 6 浅粉色金鱼草 7 红色迷你竹
配　材： 1 银边黄杨 2 银叶菊 3 灰粉色网纹草 4 银河叶 5 尤加利叶

色彩运用说明

- 灰粉色是在粉色的基础上加入灰色所形成的复合色彩，色彩的鲜艳度较低，优雅而且更低调。
- 由于带灰色调的色彩明暗层次变化丰富，故其搭配较难掌握，但其效果奇佳，如果掌握得好可以制作出优美的作品。
- 在冷色或粉色配色中加入灰色，可使作品展现出更漂亮、优美的层次。

技巧运用说明

- 用两只手同时握住枝条的上下两个点，将其直立地放在花泥上，用下面的手轻轻地将枝条推入花泥，可使纤细的枝条笔直插入花泥中。
- 插斜了的枝条不能拔出来再插，可将其扳正了之后，在其基部插入一小段枝干抵住这根枝条，使其变直。
- 做平行设计时为突出上部花材优美的线条，基部的花材要很紧实地压低分布在花泥表面，不能插得过高。

粉色 香槟色 咖啡色

本作品所选用的色彩均为暖色，并且在色环上为相邻近的颜色。粉色搭配香槟色可以表现出温柔、甜美的感觉，咖啡色的添加，打破了原有的甜腻感，并使作品表现得更加深厚。作品非常适合使用在户外派对、宴会中。

主花材： 1 咖啡色龙胆 2 轮蜂菊果实 3 香槟玫瑰 4 香槟色洋桔梗 5 浅香槟玫瑰 6 粉色康乃馨 7 灰粉色小菊

色彩运用说明

◆ 粉色和香槟色结合在一起温暖、柔和，给人一种很明亮、很干净的感觉。
◆ 咖啡色的深沉、质朴，可以打破单调、甜腻的感觉，并增添田园气息。
◆ 咖啡色是一个复合色，其本身所含的色彩成分非常复杂，可以跟多种颜色搭配，因此是一个百搭的颜色。
◆ 邻近的色彩可通过调节明暗和复合程度，加强层次感。

技巧运用说明

◆ 用U型铁丝固定枯藤时，在同一个位置需要两根铁丝朝着两个不同方向插入花泥中，才可使枯藤不易被拔出。
◆ 轮蜂菊的果实可作为干燥花来使用，既可弯折也可不用保水。
◆ 使用线条状的花材可打破作品中呆板的团块状，呈现出一种线条韵律感。

粉色 桃红色

粉、桃红、红紫色在色环中是紧密相邻的。相邻色的搭配通常给人一种优美、和谐、平稳的印象。本作品特别使用了色彩与形式对比的方式，粉、桃红与红紫色表现出温和、柔美的感觉，而形态上采用直线与直角的形式则表现出一种硬朗的感觉，形成了视觉上的对比。

主花材：1 红紫色康乃馨 2 桃红色康乃馨 3 粉玫瑰 4 浅粉色金鱼草

色彩运用说明

- 浅色的花材适合插在靠上的位置，在作品中，浅粉色的金鱼草插在最高的位置。
- 紫色是比较暗的色彩，紫色的花材在作品中分布在靠后的位置，其主要作用是衬托，如同阴影的效果，需控制用量。
- 作品从上到下颜色依次变深，体现了色彩的渐近变化。
- 将粉色用直角的形式展现出来，可以适度调节粉色过于柔弱、暧昧的感觉，提升作品的个性。

技巧运用说明

- 作品的特征：即直角关系，直立的花材与侧向水平、前后水平的花材都成直角。
- 作品的线条、形状对作品的感觉具有一定的影响，但颜色的影响更为直接和重要。

粉色 玫瑰红色 红紫色

玫瑰红与湖绿色在色环上比较对立，有较强的跳跃感。粉色与紫色的搭配能够轻松地表现出浪漫优雅的效果，特别是在婚礼宴会布置中，粉色与紫色的搭配是常用的颜色组合。本作品中，粉色的玫瑰、桃红的康乃馨与紫色的千代兰以分散的点状形式形成混合的粉紫色效果，再加入弧线优美的斑春兰叶，增添了作品的活跃感。

主花材：1 桃红色康乃馨 2 桃红玫瑰 3 玫红色千代兰 4 尤加利叶
配　材：1 银边黄杨 2 斑春兰叶 3 高山羊齿

色彩运用说明

- 玫红色是一个非常浪漫跳跃的颜色，在宴会上使用可以营造出浪漫的气氛，是宴会中常用的颜色。
- 湖绿色在绿色系中是属于偏蓝色的色彩，在与含有紫色成分的粉色搭配时，会给人有一种淡淡的灰蓝色的感觉，是法国人最喜爱的颜色搭配之一。
- 玫瑰的粉色是作品中最温和的色彩，使用的时候不宜过多，否则会削弱作品的个性。
- 在作品中加入偏蓝绿色的叶片会使整个作品产生灰调的感觉，让粉色产生更加优雅的感觉。

技巧运用说明

- 水平型的作品，两侧的花材及叶材稍稍下垂即可，不要贴到桌面；长度至少为宽度的2倍。
- 水平型的作品俯视来看是一个椭圆形，因此椭圆的弧度一定要做柔和圆润。
- 在作品中插入几枝交错的斑春兰叶会使作品更活泼。

粉色 桃红色 紫色

本作品中浅粉、粉、桃红、暗紫红、黑紫红色都是由桃红色加入不同分量的白或黑色变化而来。用暗红紫色的朱蕉叶装饰的花器，与花材中暗紫红色的小菊相呼应、协调，同时暗色的朱蕉叶更好地衬托粉色及桃红色的明亮感觉，利用明暗的对比制造作品的跳跃感。

主花材：1 暗紫红色小菊 2 多头桃红康乃馨 3 桃红色玫瑰 4 粉色石竹梅
配　材：1 暗红紫色朱蕉叶

色彩运用说明

- 由桃红色延伸出来的粉色色感偏紫，偏冷色的视觉效果给人一种凉爽之感，适合表现早春时节。
- 暗紫色的红朱蕉叶的颜色处在作品所在色系中偏暗的位置，其作为作品外围的花器可以使作品中花材的明亮感更强烈。
- 一个单纯鲜艳的颜色加入黑色或白色，可形成由深到浅连续变化的颜色，这样的色彩组合单纯、柔美且富有层次感。

技巧运用说明

- 用喷胶将两片大小相似的朱蕉叶背对背粘贴起来，中间夹入一根细铁丝，即可利用铁丝的造型能力将叶片弯出想要的弧度。
- 不同花材的高度应略有差别，并将小花蕾稍稍高于其他大朵花材，可使作品更有层次感。

粉色 红色

粉色是柔美的颜色，红色是热情的颜色，红与粉的搭配，使热情中含有一种羞涩。本作品中，红色与粉色以连续性色彩搭配方式来表现作品的和谐感，用浅浅的粉色玫瑰及康乃馨将红色的草莓衬托得鲜艳欲滴，将鲜花的柔美与水果的甜蜜感觉表达得淋漓尽致，让人不由自主地就被其吸引。这样的一款餐桌花，可谓真正的"秀色可餐"。

主花材： 1 橘红色双色玫瑰（口红玫瑰） 2 粉色康乃馨 3 粉玫瑰
配　材： 1 草莓

色彩运用说明

- 粉色是一个非常甜美的颜色，加上春天的水果，效果会更加突出，特别适合女性使用。
- 在作品中使用连续的色彩搭配可以很好地体现作品的柔美。
- 作品中除了花材以外的全部材料（如蜡烛）也都属于作品的一部分，因此也要考虑其颜色与作品是否一致。
- 粉色在作品中起主导作用，所以其比例应是最大的。

技巧运用说明

- 插花时可将同一种花材一次性全部插入，插时给其他的花材留有空间，这样可以更好地把握这种花材在作品中的节奏感。
- 使用牙签在作品中固定草莓：牙签的一端插上草莓，另一端插入花泥即可。
- 花材插入花泥的部分，应去除叶子，以防止花材腐烂散发异味，从而延长作品的寿命。

粉色 紫色

本作品的色彩组合在色环中表现的是从浅粉色一直到浅紫色的连续性的色彩变化。以粉佳人玫瑰为中心，用组群手法组成色块，再以同样方式加入不同深浅的紫色花材，形成粉色与紫色的色块搭配方式，这样即使是邻近的色彩搭配，也能够表现出一种良好的层次感。紫掌以长线条飞跃的形式插入，让即使很小的作品也表现出大气、活跃的感觉，是一款非常漂亮且有个性的新娘手捧花设计。

主花材： 1 浅紫玫瑰 2 紫罗兰 3 浅紫掌 4 玫红勿忘我 5 暗紫小菊 6 粉紫康乃馨 7 粉康乃馨 8 粉佳人玫瑰
配　材： 1 银叶菊 2 银河叶 3 红掌叶 4 斑春兰叶 5 含香梅 6 暗红紫色朱蕉叶 7 尤加利叶

色彩运用说明

- 最鲜明的色彩要布局在作品中最重要、核心的位置，以表现出主次关系。
- 作品展现的由浅粉色到浅红紫色再到浅紫色的色彩变化，充分体现相邻色彩柔美而又不失层次的效果。
- 深紫色朱蕉叶在作品中起陪衬主色调的作用，可使其他颜色更显明亮。

技巧运用说明

- 作品中的每一种材料都要形成前后呼应的关系。
- 浅紫色小玫瑰的花萼会显得过分凌乱，插花前要处理干净。
- 叶材的使用不仅可以增加作品的线条感，还可以表达丰富的含义。

part 3 橙色系

橙色，是界于红色与黄色之间的混合色，也可以称为橘黄或橘色。橙色是暖色系中最温暖的颜色，给人欢快、明朗、阳光、活泼的感觉。橙色是秋天的颜色，在西方，橙色也是万圣节的颜色，用于庆祝丰收。近几年在婚礼花艺中，橙色的搭配设计也越来越受顾客喜爱。橙色非常适合营造热烈、欢快的气氛。橙色的花材有玫瑰、百合、小菊、康乃馨、非洲菊、兰花、针垫、花毛茛、大丽花等等。

橙色 橙红色 红色

橙色、橙红色与红色都是属于暖色系的颜色，能表现出热烈、醇厚的色彩效果。由于是色环上相邻的颜色，在同一作品中使用，可呈现出连续的色彩变化，使得如此强烈的色彩也不会显得突兀。本作品中，明艳的橙色千代兰、橙红色玫瑰在加入红的康乃馨后呈现出一种非常饱满、厚重的视觉体验。再配合扇形的结构让作品具有非常强大的装饰性，装点于艺术类展馆，博物馆或高档商场等场所一定非常有气场。

主花材： 1 红色康乃馨 2 红色火炬鸡冠 3 橙红色玫瑰 4 橙色千代兰 5 橙色迷你竹 6 红叶石楠

色彩运用说明

- 橙色到橙红色到红色的搭配是属于邻近色的搭配方式，通常比较容易让作品表现整体协调的感觉。
- 红色比橙色暗，给人厚重的感觉，因此将红色插在作品的下端，并起到凝聚的作用，也让作品表现出聚散有致、轻重有度的原则。
- 花朵呈规律性分布，颜色从中心往外围依次变化，从深到浅，从厚重到浅淡，很好地表现出扇形的发散形态。
- 在拉菲草下垂部分，装饰物的颜色不能太鲜亮，否则会分散视觉注意力，与作品中的颜色协调一致即可。

技巧运用说明

- 当使用透明玻璃器皿时，一定要将花泥做装饰处理，以免露出花泥，影响美观。
- 在插扇形的骨架时，可以让花材中心稍长，两边稍短，这样可以使造型有比较优美的比例。
- 在插三面观的作品中，不要忘了背面的花泥也要用花材或叶枝遮盖装饰，否则影响美观。

橙色 橙红色 咖啡色

橙色，给人温暖、热情的感觉，同时也是非常具有秋天气息的色彩。在西方，也常会被用于万圣节，用来表示丰收及喜庆。在秋收时期，园子里的南瓜长成了太阳般的橙色，用到应景的花艺设计中可以突显生活气息。本作品尤如南瓜当中开出层层的花朵，给人其乐无穷的想象，似乎花也变成一道美味的菜肴啦！

主花材：1 玫瑰 2 松果菊 3 枯藤 4 南瓜 5 橙多头康乃馨 6 香槟多头康乃馨 7 橙康乃馨 8 麦秆 9 黄金球

色彩运用说明

- 橙色、咖啡色及橙红色属于连续变化的邻近颜色，使作品的颜色表现柔和而不失层次感。
- 咖啡色因为颜色比较重，在插制时，尽量插在里层，这样给人比较稳定的感觉，并加强层次感。
- 在作品中，为了让主色比较突出，在插辅助的色彩时尽量以小点分散的方式来插，从而让比例缩小，减轻分量。
- 橙色是非常适合秋天的颜色，常与其他温暖的色彩搭配，用来表现秋天丰收的喜悦心情。

技巧运用说明

- 南瓜做花器，中心的瓤一定要掏干净，在放置花泥时要用玻璃纸做好防水措施，否则南瓜易腐烂。
- 麦子秆剪成等长的小段，用细铁丝捆扎成束来做装饰应用，就像丰收时人们用粮食做成的挂件一般。
- 用一两枝细枯藤在作品外围做线条装饰，能让圆形的作品产生律动感，并突显自然气息。

橙色 黄色

橙色与黄色在色环上是相邻的颜色，搭配起来协调柔和。橙色给人阳光温暖的感觉，黄色给人清新明快的感觉，这两个颜色搭配在一起会表现出非常明快、干净的色彩效果。如本作品中用开放式花束，颜色明亮，给人阳光灿烂、活泼欢快的视觉体验。这种明朗的颜色非常适合送给男士，代表阳光、健康以及活力。

主花材： 1 橙红多头玫瑰 2 橙色小菊 3 橙玫瑰 4 黄玫瑰 5 文心兰（跳舞兰）
配　材： 1 斑春兰叶 2 高山羊齿（芒叶）

色彩运用说明

- 在色环上，相邻的两三个颜色放在一起，会让人感到柔美和谐，本作品中的色彩便是如此。
- 黄色相对橙色要明亮，在开放式的花束中，将黄色花材安置在外层，从视觉上制造更强的扩张感。
- 橙色的花材在花束的中心及底层，在映衬黄色的同时，也让花束的基底显得稳定扎实。
- 在两种非常饱满的颜色当中，适当地加入绿色叶材，起到很好的柔和作用，让作品色彩稍稍平和，并增添生命力。

技巧运用说明

- 制作花束的花材如果有许多分枝，要适当将分枝去掉一些，并保持捆绑点以下没有分枝以及叶片等杂物。
- 选择较直立的花材做螺旋的中心，一些弯曲有弧线感的花材则可安排在花束的外围，这样比较有利于花束造型的塑造。
- 为了配合欧式花束的自然田园风格，可挑选具有自然感的拉菲草来捆绑固定。

橙色单色系

橙色,所有色彩中最温暖的颜色,在热带风格的设计当中经常会被使用。在本作品中,使用了同色系中不同深浅的橙色、香槟色、浅香槟色来进行搭配,给人温和而浪漫的感觉,非常适合东方新娘温柔可人的气质。

主花材: 1 橙色玫瑰 2 香槟玫瑰 3 芬德拉玫瑰
配　材: 1 莎芭叶

色彩运用说明

- 单彩色的搭配是最柔和的色彩运用方式,也是婚礼当中常用的搭配方式。
- 将颜色较深的橙色作为花束中心,越到外围色彩越浅,形成橙色渐变的感觉。
- 如果初学色彩搭配,或不确定如何搭配色彩时,单彩色的配色方式是最稳妥的方式。

技巧运用说明

- 本作品为传统欧式铁丝接枝法制作的新娘手捧花,所有花材、叶材均需以铁丝接续固定。
- 制作花束时,所有的铁丝以相同的方向旋转固定,且旋转的起始点保持在同一个位置不变。
- 花球底部应以较宽大的叶材遮挡花球内部的铁丝。

橙色 咖啡色

橙色,加入不同比例的黑色就变出许多种咖啡色。富有秋天气息的咖啡色温暖、敦厚、低调,易于搭配,与大多数颜色都可协调。在欧洲,很早之前人们就将香料用来做干燥花材,尤其是在秋天的作品中常常使用。本作品中,多种咖啡色香料的加入,让橙色表现出秋天的气息,营造出丰收的喜悦、富足的温暖氛围。

主花材: 1 橙红色多头康乃馨 2 松果菊 3 八角 4 橙色小菊 5 核桃 6 桂皮 7 橙玫瑰 8 橙色康乃馨 9 米兰叶

色彩运用说明

- 橙色与咖啡色的搭配是属于单彩色的搭配方式,这种搭配往往表现出协调、平衡的视觉效果。
- 深色具有收缩下沉感,浅色具有膨胀上浮感,将深色的花材插在靠下的位置会让作品表现出层次感。
- 一个作品中的每个颜色都是一个完整的结构,即每个颜色的几个点的分布可以形成三角形或不等边三角形,以便来支撑整个作品的色彩结构。
- 在制作作品时,不仅要考虑到花材的颜色,花材不同的质感和形态对颜色的表现也会产生不同的影响。

技巧运用说明

- 用铁丝弯成"U"形,再用热融胶将其粘于桂皮上固定,这样处理后的桂皮插入作品后就不会有铁丝固定的人工痕迹。
- 八角及核桃因表面不够粗糙,不适合粘金属丝,可以用细铜丝捆绑的方式来制作插杆。
- 填充的花材,如小菊等,尽量以变化分散的方式来填补空隙,并且尽量不要高过主花材。

橙色 蓝色

橙色与蓝色有很强的冲突感，橙色极暖，蓝色极冷，这两种颜色的搭配形成冷暖对比关系，能表现出明快、活泼的效果。本作品用一个半球形的桌花造型表现这组颜色的搭配效果，让橙色与蓝色搭配出阳光与海水的感觉，非常适合在婚礼场景中使用。

主花材： 1 橙康乃馨 2 橙玫瑰 3 橙多头康乃馨 4 橙黄千代兰 5 蓝绣球

色彩运用说明

- 色环上一条直径两端的颜色会有强烈的冲突感，冲突的色彩搭配通常会有比较跳跃的对比效果。
- 采用不同深浅的橙色与蓝色来搭配，让单一的互补色关系更有层次感。
- 在本作品中为强调温暖感，选择以橙色为主，做为辅助搭配的蓝色就要控制其比例，通常比重要保持在30%以下，以突出主次关系。
- 装饰物的色彩可与作品中花材的色彩保持一致，使作品保持良好的完整性。

技巧运用说明

- 用铁丝做成3~4个挂钩，把圆环形架构固定在花器的边沿，以便悬挂丝带装饰。
- 先轻捻康乃馨花苞让花瓣自然张开，再轻轻拨开花瓣，这样就可以让康乃馨很自然地扩张开放。

橙色 紫色 绿色

橙色，紫色与绿色，在色相环中正好形成一个等边三角形，这三种颜色就构成一组三角配色的关系，是非常活泼的色彩搭配方式。本作品设计了一个比较欧式的作品来表现这组色彩，以团块状的色彩来突出对比，如大块暗淡的紫色与大块明亮的橙色相对比，让作品表现出热闹、活泼的感觉，带有一种东南亚热带风情，适合夏天及欢快氛围时使用。

主花材： 1 紫绣球 2 紫红康乃馨 3 红蕙兰 4 橙红姬百合 5 橙玫瑰 6 黄绿色小菊
配　材： 1 米兰叶 2 红朱蕉叶 3 红掌叶 4 银边黄杨 5 春兰叶

色彩运用说明

- 橙、绿、紫的三角配色是属于比较活泼、有对比感的配色方式，易产生矛盾，作品选用暗紫的康乃馨降低了色彩的矛盾。
- 在欧式的花艺中，浓烈的色彩是比较常用的，将同色花材插成色块，以增加色彩的力量。
- 橙色是阳光的颜色，绿色是大自然的颜色，两个颜色的搭配会给人清新明朗的印象。
- 在大色块之间插入线形的绿春兰叶，利用绿色线条来控制整个作品的色彩效果，让缤纷色彩的热闹感减弱，达到协调。

技巧运用说明

- 将红掌叶握成一个卷筒，并用拉菲草捆绑，注意将捆扎点藏于叶子背面，这种方法比较有新意且让作品显得整洁、饱满，具有观赏性。
- 将比较高贵的花材插在作品的表面，体现价值的同时也增加作品的美感。
- 在封闭的团块状的插花作品中，为了表现出律动感，可以用兰叶等线条花材来打破封闭感制造变化。

香槟色 浅蓝色

香槟色是由橙色加入白色变浅而成，它与浅蓝色形成的对比矛盾感觉比橙色与蓝色的对比感就要弱得多。本作品中，香槟色与浅蓝色的搭配不再显得跳跃、热烈，反而会表现出一种柔和、优雅的视觉效果。最后作品中加入白色的蕾丝花，让作品更加细腻、丰富。

主花材： 1 香槟玫瑰 2 芬德拉玫瑰 3 白色康乃馨 4 浅蓝绣球
配　材： 1 斑春兰叶 2 蕾丝

色彩运用说明

- 花器上带有与作品色彩相近的颜色，与作品有很好的协调性、匹配度，但应该注意花器的颜色应比花朵的颜色暗淡一些。
- 通常深浅的变化会影响到两种颜色的对比关系，在两个互补色中分别加入一些白色，使色彩变浅，可以柔和互补色的矛盾效果。
- 橙色与蓝色是对比的颜色，有很强的对比性及矛盾感，当把颜色变浅，如用香槟色与浅蓝色来搭配，则它们的矛盾感就会被削弱，变得柔和。

技巧运用说明

- 绣球花是属于不易保存的花材，在作品中可以少量使用，这样能减轻因花材脱水而影响整个作品效果的不足。
- 灵动的线条可以让块状的、紧凑的、甚至呆板的作品表现出活跃的效果。斑春兰叶的加入让作品更有变化性及律动感。
- 花器上的优雅花纹与作品的优雅感保持统一。

香槟色 紫色 绿色

在本作品中，香槟色典雅、浅紫色浪漫、绿色清新，都是非常讨人喜欢的春天的颜色。橙色、紫色、绿色在色环上正好构成一个等边三角形，相互搭配能表现出活泼的跳跃感，是在色彩设计中常用的一种搭配方式。选对了颜色也相当于完成了一半的工作，相信就是初级花艺师，也能用这些颜色做出一款色彩亮丽的花束作品。

主花材：1 浅紫色勿忘我 2 浅紫色玫瑰 3 香槟玫瑰 4 绿色康乃馨 5 滨菊
配　材：1 银边黄杨

色彩运用说明

- 三角配色是属于比较活泼及对比感较强的配色方式，而选用较浅的三角色来搭配可减轻颜色的矛盾感，如本作品中选用香槟色、浅紫色（藕荷色）与绿色来搭配，会给人柔和的印象。
- 白色的加入会减轻三个颜色的矛盾感，并突出作品色彩的柔和感和清新淡雅的感觉。
- 花束包装纸的颜色尽量不要比花束本身鲜艳，如果使用鲜艳的包装纸则量要少，否则会喧宾夺主抢了花的光彩。
- 绿色在花艺设计中有时会充当"无彩色"的作用，花束中加入绿色的叶材，在包装时加入一些绿色，通常都能起到很好的调节作用。

技巧运用说明

- 如果有比较弯曲的花材，可以把它安放在靠边的位置，花束中心则用较直立的花材，比较有利于花束的自然展开。
- 小滨菊的花朵，比较具有活跃感，可以适当地点缀在花束的表面，形成生动的层次感。
- 块状花材与细碎花材相互错开来搭配，让各种花材在花束中分散开，形成丰富的混合感的田园风格。

part 4 黄色系

黄色,是三原色之一,属于微暖的颜色,是所有颜色中最明亮的,给人轻快、辉煌、透明、醒目,以及充满希望和活力的色彩印象。在中国封建朝代,自宋朝以后,明黄色是皇帝专用颜色。在中国传统葬礼上常使用白色和黄色。市场上黄色的花材也不少,如玫瑰、康乃馨、非洲菊、郁金香、马蹄莲、小菊、花毛茛、金鱼草、紫罗兰、向日葵、油菜花、针垫花、黄金球、百合、文心兰等等。黄色搭配橙色会表现出秋天的色彩,黄色搭配紫色会撞出强烈的对比及活泼感,而黄色搭配绿色可以渲染小清新的风格。

黄色 白色

黄色是明亮跳跃的颜色，白色是最明亮的颜色，黄色与白色搭配将呈现出非常高亮度的效果。这类颜色的作品非常适合春夏季节使用，能给人干净利落、清新明快的感受。

主花材： 1 迷你竹（土黄色）2 黄大花蕙兰 3 黄乒乓菊 4 黄百合 5 白色康乃馨
配　材： 1 蓬莱松 2 鸢尾叶 3 绿龙柳 4 银边黄杨

色彩运用说明

- 白色一方面可以让黄色的艳丽变得安静柔和，另一方面也会使整个作品更明亮洁净。
- 叶材的选择也与整个作品的颜色匹配，如选择叶缘浅黄色的黄杨，与黄色接近，让色彩统一。
- 咖啡色迷你竹陪衬明亮的黄白色让作品增添一分柔和。

技巧运用说明

- 在捆绑迷你竹时，将拉菲草的一端先做一个圈，并按在捆绑点，再将另一端盖住圈的起点缠绕几圈，最后将绳端从圈中穿过拉紧，即可系紧。再将多余出来的剪掉就形成一个看不见绳结的捆绑点。
- 在作品中，活跃地运用平行线条与弯曲的线条来体现花材的静与动的变化，从而让作品产生节奏感与生动感。

黄色 橙色 橙红

黄色、橙色、橙红色是连续变化的色彩，通常给人平和，协调的印象。三个颜色都是非常活跃、温暖、阳光的颜色，由这样的色彩组合的作品非常适合表达夏季的风情，给人温暖、热烈、明快的感觉。

主花材： 1 橙红玫瑰 2 橙百合 3 黄色菊花 4 黄色马蹄莲 5 黄色金鱼草
配　材： 1 高山羊齿（芒叶）2 蓬莱松 3 莎芭叶

色彩运用说明

- 作品中，可以看到颜色从浅黄、黄色到橙及橙红色的连续色彩变化，让作品富有柔和的层次变化。
- 将大量浓艳的橙红色玫瑰以铺陈的方式紧密地插在花器底部，让作品基底具有比较强的稳定感。
- 在这一组非常温暖的色彩组合里加入一些绿色的叶材，适当地柔和了作品燥热感，让作品能透出一丝清新。

技巧运用说明

- 在一块花泥上固定另一块花泥的操作方法：用2～3根竹签斜插入两者的衔接处即可固定。
- 强调线条的花艺作品基部要做扎实，才能让上部的线条结构有更好的表现。
- 当花器较别致时可适度地露出花器，增添作品特色。

黄色 金黄色 咖啡色

黄色、金黄色、咖啡色表现出来的是初秋的颜色。本作品利用干燥的小麦来作花艺设计，让作品更具有季节感及田园气息，非常适合作为家庭及户外宴会的桌花装饰，在丰收的季节使用非常应景。

主花材：1 松果菊 2 咖啡色洋桔梗 3 麦穗 4 向日葵 5 黄玫瑰 6 黄色六出花 7 黄金球 8 浅黄多头康乃馨

色彩运用说明

- 作品中从浅黄色康乃馨，到金黄色向日葵，再到咖啡色猫眼，形成色彩从浅到深的连续性变化，非常舒适的过渡，也让作品鲜艳，能表现出层次感。
- 将各种颜色的花材以平均分布的方式来插制，让色彩效果非常丰富。
- 外围选择浅咖啡色的麦秆做装饰，可以较好地衬托出花材的颜色，并且不会抢夺花的色彩。

技巧运用说明

- 在向日葵的枝杆上缠绕一根稍粗的铁丝，借助铁丝的韧性，慢慢用力可将花杆掰直，这样能让向日葵在作品中更好展示花头。
- 在用铁丝固定麦秆时，虽然比较方便牢固，但不太美观，因此可再选用其他材料如拉菲草做一层装饰捆绑，遮住铁丝，增加观赏性。

黄色与绿色是非常平和的色彩搭配。绿色是大多数植物所拥有的颜色,是一个很好的背景色,与任何颜色搭配都会非常协调。本作品中,暗绿色的西兰花与黄色小蝴蝶兰的搭配,给人既平和又明亮的感觉,同时铁线蕨的加入更是在造型上与黄色的跳跃感相呼应,从而作品能表现出轻盈活泼的小清新感觉。

主花材: 1 浅黄蝴蝶兰 2 铁线蕨 3 西兰花

色彩运用说明

- 黄色与绿色属于相邻的两个颜色,搭配在一起会给人平和、宁静以及温暖的感觉,是日常生活中非常好用也常用的一组色彩。
- 西兰花本身的色彩较暗,且其中就带有一点黄色的成分,与黄色的蝴蝶兰搭配,使黄色的色彩提升出来的同时,也能与黄色协调。

技巧运用说明

- 西兰花在运用时,可用牙签插入当中做成插杆,牙签在插入西兰花时可用冷胶固定,防止过重而滑落。
- 单朵蝴蝶兰因花茎较短不好插制及吸水,可用兰花管做保水措施:用铁丝弯成"U"字形贴于试管一侧,再用胶带缠绕固定,注入清水将蝴蝶兰插置其中即可随意地插入作品当中。

黄色 紫色 蓝色

黄色系 part 4

黄色与橙色是温暖明亮的颜色，紫色与蓝色是较阴冷的颜色，会表现出活泼、跳跃的感觉。本作品以自然式插法完成，属于欧洲普罗旺斯风格的花艺作品，表现蓝色海岸与阳光的田园风格,相信许多人都喜欢这样的色彩搭配。

主花材： 1 橙玫瑰 2 向日葵 3 黄小菊 4 黄色金鱼草 5 黄色康乃馨 6 紫色飞燕草 7 紫色洋桔梗 8 蓝色飞燕草
配　材： 1 刺芹 2 谷穗 3 银边黄杨 4 高山羊齿 5 野麦子

色彩运用说明

- 用单一的颜色来表现对比会显得比较单薄,通常采用一组颜色来表现对比的色彩搭配会比较丰富,比如黄色加橙色与蓝色和紫色做对比。
- 作品以黄橙色为主色调，突出阳光灿烂的效果，蓝紫色的比例就略少，或者插的位置相对在黄色之后，这样更能突出黄色的效果，同时加大空间感。
- 在使用叶材时，也尽量挑选与黄色接近的颜色，比如作品中插入叶片叶缘浅黄色的黄杨，与作品的色彩相得益彰。

技巧运用说明

- 欧式花艺作品中多使用草花，这与东方花艺作品中多使用木本花材有所不同。
- 作品的背后也要相应插入一些花材，隐隐约约露出来，可以更好地表现作品的立体透视感。
- 用野麦穗、小菊、刺片等细碎的花材，可以加强田园风格的表现。

黄色 紫色

花环的制作通常并无太多变化，但要插得有动感也需要花些小心思。本作品使用对比色来表现活跃感，再配合线条的使用，让平滑的花环也多了份律动感，这样的花环用于婚礼布景，或者圣诞节装饰都是不错的选择。

主花材：1 紫玫瑰（海洋之歌）2 暗紫小菊 3 黄紫蝴蝶兰 4 黄色康乃馨
配　材：1 钢草

色彩运用说明

- 黄色与紫色是冲突感很强的颜色，紫色会让黄色显得更加明亮，两者搭配会表现出非常活泼的效果。
- 黄色作为花环的主体颜色，占据整个花环的面积，紫色以少量点缀为主，不规则地分布，这样更能表现出跳跃感。
- 黄色与紫色搭配，浅色的黄会让紫色显得暗沉，在使用时注意考虑紫色的深浅度，以免太过暗沉，比如作品中，挑选了浅紫色与暗紫红色来过渡。
- 两种对比色组成的作品有时会显得简单，将其中一种颜色分解为多个相近的颜色，会使作品更丰富。如本作品中的紫色用紫红色与浅紫色来表达。

技巧运用说明

- 在大面积平辅插康乃馨时，可以将康乃馨的花萼撕开，能让作品更松弛均匀。
- 注意花朵的节奏感，不要将玫瑰平均分布在花环上，而以律动性的规律来安排插入。
- 刚草以尽量贴近花面的状态插入，不要高出太多，否则显得突兀。

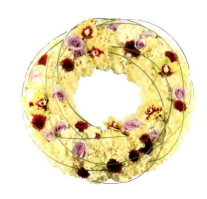

黄色 香槟色

黄色是很明亮、鲜艳的颜色，通常耀眼而醒目，但是我们也可以把它做成非常素雅、清新的效果。如本作品中，用非常浅的黄色与邻近的浅香槟色、浅绿色，搭配出一个非常明亮、温和、清爽的插花作品，再加入同色系的缎带做装饰，非常精致，配上一个小公仔当做情人节礼物，相信一定能打动收花人的心。

主花材：1 香槟橙多头康乃馨 2 芬德拉玫瑰 3 浅黄色康乃馨 4 绿小菊 5 绿纽扣菊 6 绿色康乃馨

色彩运用说明

- 作品中除了黄色与香槟色，还加了一些绿色，绿使色彩呈现连续的变化。
- 色彩以平均分布的方式来布局，让各种色彩在作品的各个方位都有，产生混合效果，使作品看起来十分温馨。
- 在创作时，将同种花材一次插完，能有利于控制作品颜色的布局和节奏感。
- 装饰的缎带是作品的一部分，要选择与作品相协调的颜色，否则会影响整体的色彩效果。

技巧运用说明

- 在透明的玻璃花器底部垫一层咖啡色或与作品颜色相近的无纺布，遮挡花泥的同时还可起到装饰的作用。
- 在用缎带做捆绑装饰时，将缎带绕过花器底部再来装饰比较稳固。
- 装饰在作品当中的蝴蝶结，要控制好大小，尽量不要制作得太大，以免影响作品的造型。

黄色单色系

黄色是三原色中最明亮的颜色，给人以轻快、明亮、积极之感。这是一款特别的水果花艺，结合不同深浅的绿色花材，做到了形态和嗅觉的完美结合，让人同时获得视觉和嗅觉上的享受。这款作品颜色清新，内容丰富，非常适合宴会和食品主题的活动。柠檬给人清新的感觉，即使在炎炎的夏日也不会让人感觉到炙热。作品应用场合广泛。

主花材： 1 黄色玫瑰 2 黄乒乓菊 3 黄海芋 4 黄色康乃馨 5 黄掌 6 柠檬 7 叶上黄金 8 巴西叶

色彩运用说明

- 柠檬是非常明亮的黄，黄玫瑰是比较中性的黄色，而康乃馨的黄是浅浅的，这三种花材配在一起虽都是同一种颜色，但因深浅明亮效果不同而能表现出层次变化。
- 在透明的花器中选择巴西叶来装饰遮盖花泥，是因为巴西叶中正好含有一些黄色的成分，能与作品中的黄色协调。
- 将黄色的柠檬片装饰在透明花器中，可与作品上下呼应，就像作品中黄色的花延伸到花器当中一样。
- 黄绿色的叶上黄金作为填充花材，在填充空隙的时候也能与作品中的黄色相融合，达成统一。

技巧运用说明

- 柠檬的插入方法：将柠檬切半，在皮肉之间穿上铁丝并把铁丝弯成"U"形，即可稳固地插入花泥中。
- 食品主题的花艺作品可将花材插得密集一些，形成堆叠挤压的效果，给人饱满丰盛之感。

黄色 金色 橙色

在这个作品当中，用最明亮的黄色与最温暖的橙色搭配成最活泼的色彩组合，呈现出阳光、欢快的视觉效果。本作品以分层堆积的形式来分布花材，将颜色的层次感表现得很清晰、很活跃。黄色与橙色都是属于暖色，这种欢快的组合颜色比较适合夏天户外的装饰。

主花材： 1 橙玫瑰 2 黄色蕙兰 3 文心兰 4 黄色马蹄莲 5 黄色金鱼草 6 黄色康乃馨
配　材： 1 含香梅 2 蓬莱松 3 木贼

色彩运用说明

- 作品由康乃馨的浅黄色、马蹄莲的金黄色，玫瑰的橙色来表现连续变化的颜色搭配，突出作品的层次变化。
- 为了强调作品的主色彩，选择黄色的花器作为底部陪衬，扩大黄色的比例。
- 黄色搭配橙色表现出温暖的效果，给人积极向上的启示，也适合送给病人，调节心情。不过要注意地方习俗，比如北方一些地区会比较忌讳黄色。

技巧运用说明

- 在木贼的茎中穿一根铁丝可将弯曲的枝杆变直、定型。
- 弯曲马蹄莲的小窍门：将马蹄莲茎杆上一侧的表皮撕掉，再用手稍加力按一按茎杆，即可使其弯曲。
- 在作品中加入线条感较强的文心兰，可使作品充满运动感。

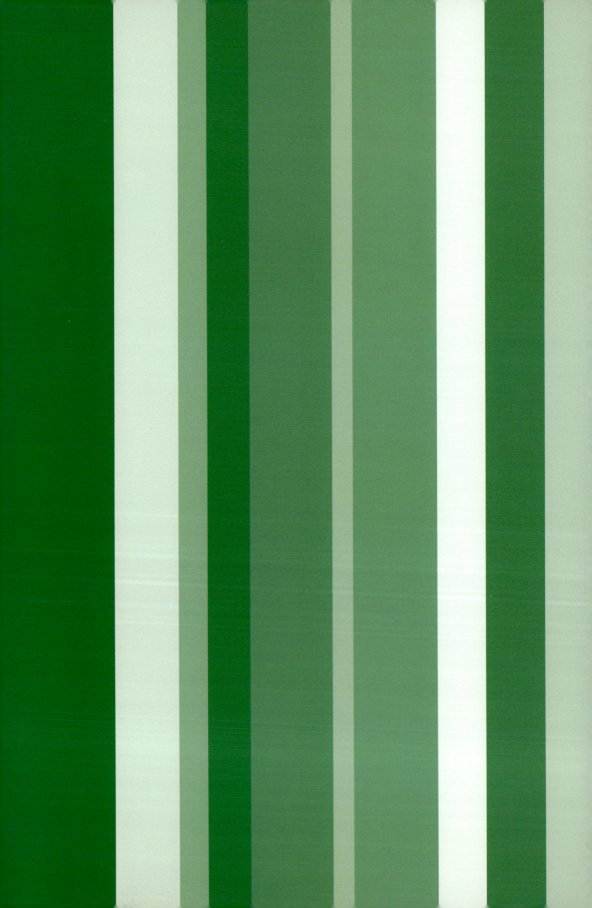

part 5 绿色系

绿色，各种植物当中都含有这个颜色，尤其是叶材。而在花艺设计中绿色又往往容易被忽略，其实绿色在花艺色彩设计中占有很重要的一部分。不同层次的绿色在使用时会有不同的效果，比如嫩绿色通常是春天的颜色，如果在冬季做设计时选用一个嫩绿的颜色，就会产生一种冬天要过去春天将要到来的意象。而如果在作品中使用深绿色就会给人一种盛夏到夏末的转换印象。

湖绿色 黄色渐变

绿色给人安静、平和之感；黄色则给人温和、明亮之感。绿色与黄色的搭配能够产生温馨、平和的感觉。本案例作品的色彩在色环中的呈现是从湖绿到黄色所在的连续的区域范围。这是一款较大型的作品，在花材选用上选择了清新的莲蓬、翠绿的谷穗、绿色的绣球还有黄色的康乃馨，另外还有突出线条的水烛叶和斑太蔺……再加上镂空的绿色纱网，不管是颜色还是线条，都让人感到清新舒爽。在炎热的夏季使用这款花，会让你烦躁的心情顿时一扫而空。

主花材： 1 尤加利叶 2 水烛叶 3 莲蓬 4 绿色绣球 5 谷子 6 黄色康乃馨
配　材： 1 绿色朱蕉叶 2 斑太蔺

色彩运用说明

- 绿色所代表的意义是平和、安详与和平，可以衬托各种花朵。
- 黄色与绿色虽是比较邻近的颜色，但通过调节亮度可使它们表现出更大的层次变化，如本作品中灰暗的绿色搭配浅而明亮的黄色，也产生较强的跳跃感。
- 作品的颜色表现出从浅黄到湖绿之间连续的变化，柔和而不强烈，给人亲和、平稳的印象。
- 将不同颜色的花材分成区域来插，可以使相近的颜色有所区分，使作品的色彩产生层次的变化。

技巧运用说明

- 为了保持水烛叶的直立性，可将下端分枝部分剪掉，以单片叶的形式直立插入。
- 插莲蓬时，可以将枝杆弯曲的插在底部，将枝杆较直的插高，这样能保持作品的直立感。
- 网状的装饰物可以让作品有若隐若现的神秘感及朦胧感。
- 合理应用线条可以改变作品的视觉效果，如作品中，通过弯折斑太蔺使作品表现出现代机械感的效果。

绿色 白色

绿色是大自然的颜色，白色是光明、神圣和纯洁的象征，受西方的影响，越来越多的新人选择白色作为自己婚礼的主色调。当纯洁的白色遇见充满生命力的绿色，一种活力清新的氛围油然而生。本作品制作方法简单，简洁大方，虽然只用了三种花材，但是充分地展现了点、线、面的完美结合与线条的韵律之美。

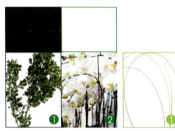

主花材： 1 米兰叶 2 白色蝴蝶兰
配　材： 1 刚草

色彩运用说明

- 绿色与白色是最常用、最流行的色彩搭配。
- 白色含有纯洁、毫无杂质的意义，从中又延伸出了"第一次"的含义，所以国外初婚的婚礼上一定会选择白色作为主色。
- 绿与白的搭配非常简单，所以在制作白绿搭配的作品时，一定要注意花材之间质感变化与搭配，选择适当的材料。

技巧运用说明

- 花朵按上小、下大的顺序布置会产生很好的韵律感。
- 用铁丝将刚草细弱的尖端捆绑固定插入到塔形树的尖端，再将其围绕着塔形树从上到下旋转，结束的部分插到花泥中即可。
- 在作品中选择点、线、面的组合方式，即使很简单的作品也会显得内容丰富而有格调。

绿色 粉色

本作品中，浅绿色给人一种生命萌生，万事初始的清新气息，与粉色搭配，让人感到悦目，非常适合春天使用。优雅的线条与嫩绿、粉色的花儿交相呼应，柔美中透出一份优雅。这也是一款梦幻少女系的作品，适合在一些主题活动和婚礼中使用。

主花材： 1 粉蕙兰 2 青厢 3 绿小扣菊 4 绿康乃馨 5 绿洋桔梗
配　材： 1 熊草 2 玉簪叶

色彩运用说明

- 粉色是变淡了的红色，因此粉与绿的搭配就是红与绿搭配的延伸，浅绿色与浅粉色搭配能够减弱绿与红搭配之间的色彩矛盾，使作品变得优雅、柔和。
- 绿色的小菊在作品中起增添颜色效果的作用，使作品看起来更生动，但数量不需太多。
- 解决矛盾色彩的方法：将矛盾的色彩通过变浅、变嫩、变柔和，而使其矛盾不再强烈，从而表现出柔美、柔和的感觉。

技巧运用说明

- 如果单朵的蕙兰枝条比较短时可以用铁丝加长后使用：将铁丝一端弯一个小勾，从大花蕙兰的花朵中穿过来，下部再用绿胶带将其花柄与铁丝缠紧。如需使用较长时间，蕙兰应做保水处理。
- 将插入花泥的铁丝一端弯成"U"形插入花泥固定，会更加稳固。
- 花朵密集的作品，令人感到臃肿，熊草的优美线条，可打破臃肿感，使作品更显流畅。

绿色 红色

红色与绿色是一对互补色，红与绿的搭配鲜明又矛盾。都说红配绿是最艳俗的搭配，所以很多人不喜欢红配绿。但大俗与大雅之间只有一线之隔，红绿配设计得恰当，可以创造很艺术的效果。本作品中，东方风格的插花就给我们展现，如何将红与绿对立的尖锐矛盾演化成高雅的艺术之美。

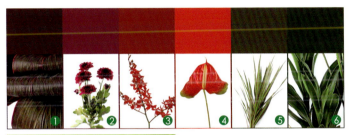

主花材： 1 暗红色朱蕉叶 2 暗紫色小菊 3 红兰 4 魔鬼掌 5 马尾铁 6 百合竹
配　材： 1 龟背叶 2 春兰叶 3 高山羊齿

色彩运用说明

- 红与绿的搭配是最传统的中国色彩，适合中式的主题使用。
- 暗色的花材可以做基部的陪衬，使整个作品显得更稳重。
- 将比较细碎的花材组合成团块来使用，可以把色彩表现得更突出、更强烈。
- 红与绿的搭配过于鲜明，跳跃感太强，如果不想过分突出这种鲜明的对比感，可使用暗色的材料来进行过渡调节。

技巧运用说明

- 将枝条的顶端直立向上来插置，可以插出自然挺拔之感。
- 龟背竹有很好的遮盖和承托作用，常使用在大型花艺的下部。
- 作品基部的花材越扎实、有分量感，越能体现出上部线条的伸展与夸张。

绿色 黄色

绿色代表和平、安宁，黄色代表着阳光与光明。这款作品块使用了不同深浅的绿色，给人一种素雅、安静的感觉。在绿色的中间跳跃地使用了几枝明亮的黄色乒乓菊，使得整个作品更加活泼、有生机。在色环图上表现为绿色和黄色所在的区域范围。这款桌花适合赠送给喜欢安静或需要安静的人，让人在喧闹的都市中享有这一抹自然的幽静……

主花材：1 橘叶 2 绿掌 3 绿色康乃馨 4 黄色乒乓菊
配　材：1 鸢尾叶 2 刚草

色彩运用说明

- 单纯绿色的作品会显得过于平和与安静，在绿色中加入黄色会使整个色彩产生跳跃的感觉。
- 作品中各种绿色材料形成了深浅不断变化的绿，具有柔和的层次效果，它们与黄色搭配可使作品产生活跃的变化，更加灵动。
- 考虑到一些忌讳，在使用黄色的时候要控制好数量。

技巧运用说明

- 在插外圈的康乃馨时，将花头稍稍斜向外插可保证花泥被全部遮盖，并使作品显得舒展。
- 重要的、有特色的花材，不要插在作品的正中间，否则会显得过于呆板，如作品中用橘叶做的小花束。
- 将乒乓菊跳跃地插在康乃馨的上部，可使作品更加活泼。

绿色 咖啡色

　　绿色代表安静、平和，而嫩绿则给人生命萌发的感觉。咖啡色深沉而有沧桑感，娇柔的嫩绿搭配上低调深沉的咖啡色，给人一种万物复苏、生机盎然的感觉……在花艺作品中咖啡色由于比较暗沉，低调，往往会被大家忽略，而绿色也经常作为配材来使用。本作品将这两种低调的色彩自然地结合在一起，给大家展现了一幅春季万物萌生的自然风光，适合用在春季或者雅致的环境中。

主花材： 1 细枯藤 2 绿色大花蕙兰 3 绿色小扣菊 4 阔叶武竹 5 绿色朱蕉叶 6 文竹

色彩运用说明

- 在花艺作品中因绿色和咖啡色与树叶、树干的色彩相似，因此经常被忽略，但二者的结合会产生非常自然的效果。
- 嫩绿色的花朵分布在咖啡色的花环上，像是春天大地萌生的嫩芽。
- 嫩绿色的生命感与咖啡色的陈旧感形成了强烈的对比，具有鲜明的层次效果，所以能够表现出很自然的感觉。
- 嫩绿色与咖啡色的作品经常用来表现春天，特别是早春乍暖还寒的感觉。
- 人们在设计作品的时候往往只注意到上部鲜亮的色彩，而忽视了底部比较暗沉的色彩，但恰恰忽视的这部分是最好的陪衬，只有它的存在才能够衬托出其他色彩的鲜艳。

技巧运用说明

- 同一种材料在不同的区域要安置得有高有低、有多有少，不要均匀分布，这样可使作品产生节奏感。
- 不新鲜的阔叶武竹也有利用价值，将其叶子去掉只留枝条，不均匀分布在作品中，可表现出线条的运动感。但注意要将其插入到水管中吸水，以防止干枯变色。
- 将文竹插高一点，"漂浮"在作品之上，插入时要有层次感，且分布不要过于集中。

绿色 桃红色 湖绿色

桃红色是略浅的玫瑰红色，非常艳丽，绿色与玫瑰红色的搭配是绿色与红色搭配的延伸，跳跃而活泼。玫瑰红色与翠绿色的搭配过于强烈，很难协调，为缓和这种过于强的视觉矛盾，可将绿色拆分成湖绿色与嫩绿色来跟玫瑰红色进行搭配。玫瑰红是非常鲜亮的色彩，而绿色也透露出生命的光芒，很多人不敢尝试使用这对鲜亮的对比色。但热情的法国人喜欢这样的搭配，就像他们的性格一样，大胆、张扬而又迷人……大胆的用色，夸张的姿态，这款漂亮的瀑布式的花艺作品演绎着迷人的法国风情。

主花材：1 灰粉色海芋 2 玫红色千代兰 3 桃红色康乃馨 4 玫红色玫瑰 5 青厢 6 尤加利叶 7 绿色小扣菊 8 谷穗
配 材：1 斑春兰叶 2 高山羊齿 3 山苏叶 4 巴西叶

色彩运用说明

- 将绿色拆分成湖绿色与嫩绿色来跟玫瑰红色进行搭配，可缓和玫瑰红色与翠绿色过于强烈的视觉矛盾。
- 植物的色彩变化是微妙的，如作品中使用的尤加利叶的颜色偏向于湖绿色，谷穗、鸟巢蕨的颜色则偏向于嫩绿色，平时多观察分析植物的色彩变化，有助于创作时对色彩的把控。
- 湖蓝、湖绿色与玫瑰红色的搭配大胆、张扬而又迷人，是法国人特别喜爱的色彩搭配，所以作品是一款比较法式的设计。

技巧运用说明

- 确定花泥的高度：当花材越往下倾斜，即作品越往下垂，花泥高出花器口的部分应愈多，反之应越少。
- 瀑布式作品花材的特点：前部所有的花材和叶材形成一种向下的流水的瀑布形状，后部的花材收紧，形成一种水向上翻的感觉。
- 作品从后往前花朵的分布依次是从大到小，这样的布局可以将流水的感觉表现得更好。
- 将草本植物的茎压扁或穿上铁丝，可使其更容易弯曲。

绿色 香槟色 藕荷色

这款作品的色彩过渡自然，又不失亮点，香槟色的玫瑰和藕荷色的勿忘我为绿色的旋律添加了亮点，熊草的伸展增添了整个作品的优雅。该作品使用的技巧比较简单，重点是色彩的搭配与层次，熊草的使用要充分利用其优美的线条，做到舒展有序，否则容易零乱，影响整体作品。该作品可以使用在多种场合和多个季节，属于常用的配色方式。

主花材： 1 香槟玫瑰 2 浅香槟玫瑰 3 绿色小菊 4 绿色大花蕙兰 5 藕荷色勿忘我
配　材： 1 绿色金丝桃 2 熊草 3 香槟色洋桔梗 4 绿色小扣菊

色彩运用说明

- 绿色是色环上最平和的色彩，但完全使用绿色的作品会让人感觉平淡。
- 使用弱化色彩矛盾的办法，即在不破坏绿色柔和美的前提下，稍稍在绿色中加入一些跳动的颜色，可使绿色变得活跃。
- 作品中使用的色彩是弱化了的绿色、紫色和橙色的搭配，使本来十分跳跃的色彩组合呈现柔美而不失活泼的效果。
- 要控制彩度高的花材的数量，保证整个作品的纯净。

技巧运用说明

- 同种花材的分布要调整好节奏，成组有序地分布在作品中。同种颜色可选两三种不同质感的花材，可使作品更富变化。
- 添加线条感比较强的花材可增加作品的动感和优雅的效果。
- 用线条叶材起调节作用时，不能选择过宽的叶子，以免产生粗笨感而影响作品整体效果。

浅绿色单色系

　　绿色清新自然、恬淡优雅，它是生命与希望的颜色。木作品是一款清雅的绿色新娘于捧花。全部选择绿色系的花材，其中鲜亮的黄绿色、浅绿色和翠绿色，充分体现了绿色生机盎然的感觉……婚姻是新生活的开始，代表着新的希望，莲蓬的运用祝福着新人好运连连。喜欢绿色的新娘一定会爱上这款特别的手捧花。

主花材： 1 莲蓬 2 绿色小扣菊 3 绿色小菊 4 绿色康乃馨 5 谷穗 6 景天
配　材： 1 玉簪叶 2 春兰叶

色彩运用说明

- 不同深浅的绿色花材在作品中穿插，使整个花束的色彩产生丰富的变化。
- 深色的叶子添加在花束底部收尾，可使作品更加稳重。
- 作品的主题色是绿色，将下部绿色的花枝露出来可以跟花束形成良好的呼应，不需要像传统的手捧花一样用丝带把花茎完全包裹起来。
- 纯绿色的手捧花色彩清新、优雅，适合在夏季使用。
- 在做绿色的设计时，多用颜色鲜亮的黄绿色，不仅可以将绿色的特点凸显出来，还使作品不致沉闷。

技巧运用说明

- 制作花束的时候将各种花材互相穿插开，避免某一种花材形成大面积的区域，以创作出柔和丰富的感觉。
- 制作手捧花束的时候要使用螺旋的技法，每一枝花的添加都要顺着一个方向。螺旋的花束不仅使手柄更纤巧，还可以随时调整花材的位置。
- 花束下部的衬托叶材微微伸出即可，伸出过多，会显得花团过于局促，伸出不够，则使花朵无所依托。

深绿色单色系

绿色的叶材在花艺作品中通常扮演衬托的角色，一如绿色这一色彩的性格一样，平和易搭配。本作品中绿色的叶材摆脱了当配角命运，美美地当一回主角。这是一款完全用叶材来制作的作品，各种不同质感的绿色花材巧妙地结合在一起，在炎炎的夏季给人带来别样的清爽。这款作品给花艺创作带来新的启示：花艺可以不拘泥于单纯的花材，普通的叶材也可以制作出美丽的作品。

主花材： 1 尤加利叶 2 绿色朱蕉 3 散尾葵 4 百合竹 5 铁线蕨
配　材： 1 春兰叶 2 银边黄杨 3 红掌叶 4 蓬莱松 5 一叶兰

色彩运用说明

- 绿色在花艺中扮演着很重要的角色，虽常常是陪衬的材料，却不可忽视。
- 色彩的明暗变化可以带来不同的心理感受，如嫩绿让人想到春天，翠绿让人想到夏季，而暗绿则与秋天有关。
- 将同一色系中不同深浅的色彩搭配在一起，要产生丰富的色彩变化，还要靠不同材料的质感搭配来加强层次的变化。

技巧运用说明

- 散尾葵的叶子比较大，可用剪刀将其修剪成有线条感的形态来用。
- 将铁丝弯成"U"形，从红掌叶的正面穿过去后，缠在叶柄上，可将叶子弯成想要的弧度。
- 想让作品产生丰富的层次，需选用不同质感的叶材来搭配。

part 6 蓝色系

蓝色 是红、黄、蓝三原色的一员，蓝色的互补色是橙色，邻近色是绿色、紫色、青色。蓝色非常纯净，通常让人联想到海洋、天空、水、宇宙。纯净的蓝色表现出一种美丽、冷静、理智、安详与广阔。由于蓝色沉稳的特性，因而也给人理智、准确的意象，另外蓝色还代表着秀丽清新、宁静、忧郁、悠远。花艺设计中经常会涉及到蓝色的设计，但是天然的蓝色花材，市场上并不多见，很多花材都是蓝紫色的，常见的蓝色花材有：绣球、矢车菊、飞燕草、风信子等。

渐变蓝色

喜欢蓝，因为它纯静而忧郁；喜欢蓝，因为它深邃……蓝，更给人一种与世无争的感觉！这款渐变蓝色的作品，将蓝的优雅展现得淋漓尽致。作品的色彩在色环中的范围属于单纯的蓝色区域，体现蓝色的深浅变化。作品选用了三种从浅蓝到蓝的绣球，加上美丽的蓝色澳洲蜡梅和灰蓝色的蓝莓，呈现的是一个独特的全蓝色作品。蓝色属于冷色，这款清凉的作品非常适合夏季使用。

主花材： 1 蓝莓 2 蓝色绣球 3 蓝色重瓣绣球 4 浅蓝色绣球 5 蓝色澳洲蜡梅
配　材： 1 尤加利叶

色彩运用说明

- 单一色彩组合的作品选择花材时，尽可能选用色彩深浅不同的花材，可增加层次感。
- 将不同深浅的蓝色绣球花相间分布在作品中，可表现出色彩的层次变化。
- 蓝色是最冷的颜色，蓝色的作品能够带来凉爽感，因此常在夏季使用。
- 蓝色具有收缩性，如果单纯地使用蓝色会给人一种压抑之感，所以使用蓝色时常常加入浅蓝或白色等色彩来调和，使其变得亮丽，减少压抑感。

技巧运用说明

- 绣球易失水，应在插花之前让绣球充分吸收水分，也可在作品完成后喷洒一些防止水分蒸发的保鲜剂。
- 为了保证作品造型的圆润性，在作品中加入尤加利叶子时叶子的高度不应超出绣球花所形成的球形弧面。
- 花朵比较小的花材，可以将几朵花组合在一团一起插入作品中，可以更显著地突出其色彩。
- 浆果类的材料容易烂，因而不宜将铁丝或牙签直接插入果中，可使用鲜花胶将果实粘贴在铁丝上再插入作品中，可防止果实损坏。

蓝色 橙色

蓝色是三原色中最冷的颜色，在英语里常代表忧郁。怎样让淡淡的忧郁转化为积极向上的热情，通过本案例作品我们将找到合适的答案。蓝色与橙色是一对对立的颜色，在色环上是180°对角的位置。迷人的蓝加上热情的橙，是热带海岛的味道，在迷人的海边，享受着日光浴，让你忧郁的心情一扫而空，焕发激情。

主花材： 1 蓝色绣球 2 橙色玫瑰
配　材： 1 刚草

色彩运用说明

- 蓝色是最冷的颜色，橙色是最温暖的色彩，使用色环中对角关系的颜色能够更好地突出这种色彩对比。
- 作品的主色调是蓝色，因此要降低橙色的使用比例，只需在作品中点缀一点点的橙色即可。
- 可选用一些与作品主色调一致的装饰材料加入到作品中，一方面可以装饰作品，另一方面也可固定架构。
- 蓝色和橙色的冷暖变化犹如在海边感受着日光的温暖与海水的清凉，因此蓝与橙的设计经常用来表现热带风光。

技巧运用说明

- 架构的制作方法：将刚草剪成长短一致、适中的段，用手将其弯曲之后再将其两端卡在圆柱形的玻璃容器上，依次交叉放置，即可形成简易的球形架构。
- 绣球花的枝干长度以放在水中刚好接触到花器底部为宜，这样能够保证绣球花借助花枝的支撑力漂浮在水面上而不下沉。
- 可利用架构中枝条的支撑力卡住玫瑰，并将其固定在花器边缘。

蓝色 湖绿色 蓝紫色

蓝色是充满梦幻的色彩，给人清澈、浪漫的感觉。这款作品选择了从湖绿到蓝、再到蓝紫色的流动色彩，充分展示了蓝色的迷人风采。在色环上所处蓝色区域，并向两侧延伸到湖绿色和蓝紫色区域。花器选择了一组透亮的蓝色小杯子，排列成一组，加上清水，蓝色在阳光下呈现出来的清澈，让你忍不住想要拥有……

主花材： 1 蓝紫色迷你翠菊 2 蓝色绣球 3 浅蓝色绣球 4 蓝色澳洲蜡梅 5 尤加利叶
配　材： 1 斑春兰叶 2 棕榈果实 3 蓝刺头

色彩运用说明

- 自然界中纯正蓝色的花材比较少，因此使用的时候可以选择邻近的颜色相互搭配。棕榈的果实与尤加利叶的颜色都是湖绿色，能够很好地与蓝色花材搭配。
- 作品中所有的花器、花材，以及装饰材料的颜色都要控制在作品色调即蓝色、湖绿色以及蓝紫色的区域范围内，不使色彩零乱。
- 使用闪亮的颜色来搭配蓝色可使蓝色的装饰性更好地表达出来。
- 蓝色对光线是很敏感的，适合用在明亮且比较白的光线环境中。

技巧运用说明

- 弯曲铝线时要让其自然圆润地弯曲缠绕在一起。
- 将大团的绣球花插在靠下的位置，可使之容易吸水并突出铝线的线条与颜色。
- 插花时不用固定花材的方向，让花材随意地在作品里面穿插交错，会让作品显得更自然。
- 在细碎材料的插花作品中，线条形花材的使用，可以修正作品的凌乱感，将其串联起来，使其具有整体效果。

蓝色 金黄色 橘红色

橙色与蓝色是两个对立的色彩，搭配在一起很活泼，但易显单调。在本作品中，为使作品层次更丰富，可将橙色分解成金黄色与橘红色来搭配。蓝色是迷人的颜色，它透出来的宁静与优雅是最让人心醉神迷的，但蓝色的收缩感强，而橙色的扩张感强，在用蓝色做主色时，尤其应该控制橙色的用量。

主花材：1 蓝色绣球 2 蓝紫色大花飞燕草 3 橘红色玫瑰 4 金色火炬鸡冠
配　材：1 春兰叶 2 高山羊齿 3 玉簪叶 4 山苏叶

色彩运用说明

- 蓝色与橙色是互补色，但单纯蓝与橙的对比过于单调，可将橙色分解成金黄色与橘红色来与蓝色搭配。
- 花器的蓝色与上部花艺作品中的蓝色形成很好的呼应，且突出作品蓝色的主旋律。
- 金黄色、橘红色与蓝色的搭配具有跳跃感，会使作品富有生气。
- 蓝色具有收缩感，橙色具有扩张感，在同比例的条件下蓝色往往会显得比橙色少，因此在运用时要注意它们的比例关系。

技巧运用说明

- 在光的折射与虚化作用下，带有纹路的花器可以有效地隐藏花泥。
- 在使用鸡冠花等叶子易脱水的花材时，尽量把叶子处理干净，减少水分散失。
- 全面考虑作品前后、上下、左右关系，保持相互呼应，如本作品左右前后以及中心均对称，形成作品的空间感及延伸感。

蓝色 咖啡色

作品是一款海洋风格的蓝色系花艺作品。蓝色与橙色是强烈对比色，橙色加入黑色后变成咖啡色，它与蓝色的矛盾被减弱。白玫瑰的加入进一步减弱了色彩的矛盾关系。白色石子和透亮的蓝色亚克力水晶块，以及海螺、贝壳、海星等海洋元素的添加，强调出海洋的主题。如果策划海洋风格的婚礼或活动，那么这款作品绝对会让你惊艳……

主花材：1 贝壳 2 蓝色绣球 3 浅蓝色绣球 4 白玫瑰

色彩运用说明

- 蓝色是天空和大海的颜色，经常被用来设计海洋主题的花艺装饰。
- 以蓝色为主的设计给人较为清爽的视觉感，比较适合运用在夏季的海洋主题中，咖啡色的使用增添色彩的层次感。
- 咖啡色与蓝色搭配，在保留对比色的跳跃感的同时，可减弱色彩矛盾，而且咖啡色可以突出蓝色的亮度。

技巧运用说明

- 白色石子在使用前可以用清水漂洗一下，去除表面的碎石粉，会显得更加干净美观。
- 将铝线随意地弯折出适当的形状，放入花器空隙中起固定花材及装饰作用。
- 巧妙地运用装饰物可以强调作品的主题。

蓝色 绿色

蓝色是天空和大海的色彩，宁静、悠远。绿色是大自然的颜色，平静、安详。蓝色与绿色，在色环上是紧挨着的两个区域，它们搭配的作品，平静而略显阴冷。这款花艺作品，让人们在炎炎的夏季享受着丝丝凉意。优雅的蓝色磨砂玻璃花瓶加上浪漫的绣球和优雅的灰绿色，让作品表现出略带忧郁的优雅，富有高贵的格调。

主花材： 1 重瓣蓝绣球 2 蓝色澳洲蜡梅 3 小叶尤加利 4 莲蓬 5 竹芋叶 6 绿色康乃馨

色彩运用说明

- 蓝色与绿色的搭配属于邻近色的搭配方法，柔和优雅。
- 蓝色到绿色的设计突出了清新、凉爽之感。
- 湖绿色可以在绿色和蓝色之间起过渡作用，使色彩更富层次感。
- 湖蓝、湖绿这两种颜色具有特殊性以及很强的设计性，在运用的时候可以使作品产生特殊的效果。

技巧运用说明

- 插入水中的茎干部分一定要将叶子去除干净，这样可减少因叶子腐烂而引起的腐败，延长花材寿命。
- 去掉尤加利枝条上的部分叶子可更突出其线条感。
- 用铝线制造立体空间的同时，也给作品增添装饰性。
- 在使用离水粘贴的技巧时，应选择不易脱水的花材。

蓝色 玫红色 黄色

　　红、黄、蓝都非常鲜艳，为三原色。在色环上呈现在对立的三角区域，这三种色彩搭配在一起跳跃度很大。本作品是一款使用三原色搭配的花束，三原色的纯度都非常高，色彩对比非常强烈，因此本作品对黄色进行弱化，将其变为较柔和的浅黄色，从而削弱色彩的矛盾。正确的包装方式能为作品加分，也更能突出鲜花的娇艳。

主花材： 1 蓝色绣球 2 玫红色玫瑰 3 黄色康乃馨
配　材： 1 刚草

色彩运用说明

- 花艺作品的三原色配色方式中的红色并不是传统意义上的大红色，而是玫瑰红色。
- 将三原色中的一种颜色变淡变浅，如作品中选用浅黄色，可以减弱三原色搭配产生的强烈的色彩矛盾感，且使作品变得更加温馨、柔和。
- 包装纸的颜色搭配方法：作为主背景的包装尽量不要用太鲜艳的包装纸，不然会抢过鲜花本身的风采。
- 若用色彩鲜艳的包装纸，应少量使用，如本作品中浅蓝色的包装纸，在使用的时候只需露出一点点，起到装饰作用即可。
- 制作蝴蝶结的丝带颜色要跟花束中花材的颜色保持一致，这样才能保证整个花束的和谐统一。

技巧运用说明

- 色块组成的花束会显得比较单调、呆板，将成组的熊草以弧线的形式加入，可以增加作品的灵活性。
- 在制作花束时一定要遵循螺旋的方法，这样即使后期添加或减少花材也比较方便操作。

蓝色 水红色 浅黄色

蓝色宁静、忧郁，橙色是欢快活泼的色彩，也是暖色系中最温暖的颜色。这两种颜色是一对对比色，二者的搭配会给人一种跳跃的视觉效果。本作品将橙色拆分成水红色和浅黄色来与蓝色搭配，这样能加强层次感，丰富作品色彩。这款花束包装简洁，造型具有田园风格，非常适合年轻人以及赠送亲密朋友。

主花材：1 蓝紫色迷你翠菊 2 粉玫瑰 3 浅黄色多头康乃馨 4 浅蓝色绣球
配　材：1 高山羊齿 2 栀子叶 3 熊草

色彩运用说明

- 将一种颜色拆分成两种颜色来运用，可以丰富色彩的层次，如蓝色的对比色是橙黄色，将橙色拆分成浅黄色与水红色来与蓝色搭配会显得更丰富。
- 水红色的玫瑰在作品中是比较大朵的花材，且颜色也比较强烈，所以使用的数量不宜过多。
- 作品中的蓝与水红、黄对比强烈，为了减弱它们的强烈对比，可适当将其中一种颜色削弱变淡。
- 颜色的分量（比例）决定了其在作品中的主导作用，本作品中由于浅蓝色的绣球以及蓝紫色的迷你翠菊所占的分量比较大，所以蓝色即为作品的主色调。

技巧运用说明

- 不同花材应高低错落，越轻盈的花材应越向外伸出，才能使花束产生自然松散的效果。
- 栀子叶在花束中起支撑空间的作用，不要太多地露出，否则会影响视觉效果。
- 制作花束时要使用螺旋技法，其优点是可以随时调整花材。

蓝色 香槟色

蓝色与橙色在色环中为对角关系，是强烈冲突的色彩。香槟色是由橙色加入白色形成的，也就是减淡的橙色。本作品中，由于选择了香槟色，与蓝色的矛盾随之变弱。再加入白色进一步来减轻这种矛盾感，使人犹如走在凉风拂面的海边沙滩……

主花材： 1 橙色多头康乃馨　2 蓝色绣球　3 浅蓝色绣球　4 滨菊

色彩运用说明

- 浅蓝色中加入一些蓝色可提高鲜艳度，并可增加层次感。
- 香槟色的加入可以与蓝色形成对比，减轻蓝色带有的那一丝丝忧郁与清冷之感。
- 在蓝色与香槟色的搭配中加入一些白色，可以进一步削弱两者对比的矛盾，让人感到柔和、温馨。

技巧运用说明

- 可将绣球花的花朵分为小束来使用，但在插的时候要选择比较松软的花泥。
- 在作品中添加一些特别的小设计可增添作品的趣味性与设计价值。

蓝色 紫色

蓝与紫的搭配非常适合春季和夏季使用，在春季给人一种乍暖还寒的感觉，夏季则给人一种迎面扑来的凉爽之感。这是一款具有田园风格的作品，选用了蓝到紫的邻近色花材搭配，采用植物自然生长式的插花方式，让人仿佛置身于充满小花与野草的田间。此类作品比较适合运用在轻松、非正式的场合，能够使人放松心情。

主花材： 1 蓝紫色飞燕草 2 蓝色绣球 3 浅蓝色飞燕草 4 藕荷色勿忘我 5 浅紫色玫瑰
配　材： 1 刺芹 2 银边黄杨 3 银叶菊 4 蓬莱松 5 铁线蕨 6 高山羊齿

色彩运用说明

- 蓝色与紫色的配色是最冷的一对配色方式，所以看起来会比较凉爽，在炎热的夏季使用，会给人舒适之感。
- 深色在视觉上有收缩向后的感觉，所以可以将深色的花材安置在作品后部的位置。
- 蓝紫色搭配是十分浪漫的配色，因此以自然风格的形式来搭配可以更加突出其浪漫感。

技巧运用说明

- 为了体现花材的活泼感，可以根据花材自然生长的方式略有交错地分布。
- 飞燕草的方向不是同一方向或笔直安置的，而是按照自然的生长方式相互交错分布的。
- 同一种花材在作品的前后都要有分布，在作品的背后插入少量的花材，用隐约的透视效果制造作品景深及层次感。

part 7 紫色系

紫色,是由红色与蓝色融合而得来的色彩。查看色环我们会看到,紫色处于红色与蓝色之间的位置,中间有很多过渡的颜色,跨越了暖色与冷色,在偏向玫瑰红色方向是暖色,偏向蓝色方向的是冷色。粉紫色是非常女性的色彩,而黑紫色又是比较男性的色彩。黄色与紫色互为补色,两者搭配对比效果明显。无论在西方,还是在中国传统习俗中,紫色是非常尊贵的颜色。因此在花艺设计中,要拿捏好紫色的感觉是很不容易的,应用得好就会非常醒目时尚,而用得不好就容易造成色彩混乱。紫色常用花材有翠菊、勿忘我、绣球、郁金香、玫瑰、康乃馨、石竹梅、紫罗兰、风信子等等。

紫色 橙色 绿色

紫色较冷，橙色温暖，绿色清新平和，三种颜色搭配能呈现出较强的对比关系，同时又能相互映衬。如本作品中，在直立造型中以紫色为主，配合橙色及绿色，整体效果非常轻松、开朗，给人以舒适感，尤其适合家庭、休闲场合使用。

主花材： 1 橙玫瑰 2 橙小菊 3 贝壳花 4 蓝紫飞燕草 5 紫康乃馨
配　材： 1 文竹 2 斑太蔺

色彩运用说明

- 紫色、橙色、绿色在色环上的距离是相等的，这三个颜色构成三角色关系，能表现活泼的感觉。
- 将饱满的橙色与色感较重的紫色插在作品的底部形成色块，可以增加作品基部的稳定感。
- 在作品中，紫色被分解成蓝紫色和红紫色两个颜色，使作品更富于变化，增强作品的层次感。
- 在创作作品时，花材与造型的形式与色彩应该统一，从而使作品的主题能够得到更明确的表达。如本作品中，文竹的优美线条，进一步增添了橙、绿、紫配色的优雅而又不失活泼。

技巧运用说明

- 创作表现线条感的作品时，花泥表面即作品底层要处理扎实，将花材贴着花泥插，让底部坚实饱满、稳定。
- 将文竹的叶子适当地去掉一些，保留其漂亮的线条，以增强作品的律动感。

紫色 红紫色 蓝紫色

紫色是变幻莫测的颜色，通常我们把由玫瑰红和蓝色两种色彩组成的颜色都称为紫色，而这些紫色有红紫、蓝紫之分。本作品以花束的形式来表现蓝紫、紫、红紫的搭配，呈现出浪漫、优雅而又富于层次变化的美。多种细碎的花材，呈现出非常自然、浪漫的气质，用于求婚或者婚礼都是非常不错的选择。

主花材：1 小叶尤加利 2 蓝紫翠菊 3 蓝紫勿忘我 4 粉紫香石竹 5 紫郁金香 6 浅红紫小菊 7 暗紫小菊
配　材：1 尤加利花蕾 2 春兰叶 3 玉簪叶 4 浅紫龙头花

色彩运用说明

- 紫色是代表浪漫的颜色，适合表达爱意的浪漫时刻。
- 紫色比较收缩暗淡，用深浅不同的紫色花材搭配时，应该把浅色的花朵放置在表层，深暗色彩的花朵放置在下层，使整个作品更加明亮鲜艳，有跳跃的美感。
- 紫色会给人灰色的视觉感受，灰色系和白色细碎花材的加入，可以让紫色表现得更加优雅、有档次。

技巧运用说明

- 将花朵高低错落地配置以表现作品层次感，郁金香、龙头花、小菊、尤加利叶等花材、叶材之间微小的层次变化在欧式花艺中很重要。
- 纤弱具线条感的花材可以适当跳跃出来，以增强活泼感，但应适度，不可过分。
- 捆绑点以下保持干净不要留叶子，一方面可以确保不会因为叶子腐烂污染水源，也给人以清爽洁净之美，同时也便于花朵位置的调整。

紫色 红紫色 桃红色

本作品中运用红紫色吸管来做花艺设计,用编织的方式将吸管做成镂空的花器,配合紫色、红紫色、桃红色花材,让整个作品呈现出非常温馨、浪漫的气氛,同时灵活的线条,让作品具有现代感及通透的美感。作品适合装点客厅的茶几或餐厅的吧台。

主花材: 1 紫玫瑰 2 玫红康乃馨 3 紫红蕙兰 4 小叶尤加利
配　材: 1 斑春兰 2 高山羊齿(芒叶) 3 玫红千代兰

色彩运用说明

- 紫色当中配合桃红色,能让冷傲的紫色表现出非常温暖浪漫的一面。
- 容器与作品中花材的色彩要搭配统一,但应注意容器的色彩应该比鲜花暗淡一些。
- 在作品中插入具有灰调的斑春兰叶,在制造线条律动感的同时,也能将桃红色的跳跃感适当调节,使作品更加和谐。

技巧运用说明

- 在吸管中间穿上细铁丝再相互编织,可以按自己的需求做成任一形状,如作品中制作成镂空形的碗状花器,绑上试管即可插花。
- 一些比较细软的花材不方便用铁丝来固定时,可以借助架构或其他花材的力量将其别住即可。

紫色 金黄色 嫩绿色

这款作品主要表现对比色的搭配方法，紫色的对比色是黄色，而只用这两种颜色来搭配难免单调。在使用时如何变化？作品运用色彩学原理将黄色拆分成金黄及绿色来表现，而紫色也选择了多种深浅不同的紫色，这样整个作品的色彩就得到很大的丰富，表现出更饱满的层次效果。本作品体量虽小，色彩的层次感却非常丰富，细节的把握恰到好处。

主花材：1 金黄鸡冠花 2 绿小菊 3 刺芹 4 紫（深、浅）小菊 5 紫洋兰 6 紫色小菊
配　材：1 叶上黄金 2 红朱蕉叶

色彩运用说明

- 紫色与黄色是属于比较矛盾的颜色，选择白色、灰色、黑色的花器，不仅能够起到协调矛盾的目的，还可以使花朵的色彩感得到很好的衬托。
- 将颜色比较重的花材插在作品的下层并且控制用量，如作品中红紫色小菊的布局方式，可以增加作品层次感。
- 将带有灰调的紫薯切成小块插入作品中，在协调作品色彩的同时也能增加作品的质感、趣味性。
- 紫色通常是比较暗淡的颜色，适当搭配黄色，可以增强紫色的色彩感，并使作品产生活泼的跳跃感。

技巧运用说明

- 将叶材紧密地插在花器边缘做衬底，可以有效地增加作品的分量感，并衬托花朵。
- 花材不要均匀分布，否则易显呆板，以自由不对称的方式来分布能突显活泼性。
- 在作品中适当地插入一些小花蕾，可以让作品更富生命力。

紫色 咖啡色

紫色属于冷色调，咖啡色属于比较低调温和的暖色，紫色与咖啡色搭配通常能呈现出沉稳、安定的气氛。

在本作品中，花器是特色之一。很多人家里都有这种闲置的木盒，不妨拿来做一个花艺设计，让旧物焕发新的光彩。作品强调自然随意的感觉，咖啡色的木盒正好突出了这一点，配合深浅不一的紫色小花营造浪漫轻松气息，食用菌类的加入，让作品别具乡村田园风格。

主花材： 1 紫翠菊 2 浅紫石竹梅 3 青厢 4 紫洋兰 5 紫小菊 6 松果菊（猫眼）
配　材： 1 高山羊齿（芒叶）2 龙头花 3 蘑菇

色彩运用说明

- 作品花材的品种较多，因此色彩上的统一就非常重要。同色系不同深浅的紫色，让作品既显得丰富又和谐。
- 在色彩安排上可遵循先暗色花再浅色花的规律来插制，并尽量让深色的在底层，浅色的在外层，使得作品层次更加鲜明。
- 咖啡色的木盒衬托紫色的花，让原本个性显得异常浓烈的紫色多了一份稳重感及成熟感，让人不至于眼花缭乱。

技巧运用说明

- 将开放的花与未开放的花蕾搭配应用，可以让作品更显得生动活泼。
- 在使用蘑菇时，可取一枝或将几枝束成一把用铁丝及鲜花胶将其根部缠绕固定，制作出插杆，这样可很方便地插入花泥中。

紫色 浅黄色

紫色配黄色是非常跳跃的色彩组合，给人醒目、活泼的感觉。本作品由两个单独的方形插花作品组合而来，单个摆放也不错，组合陈列更富于变化，紫色的蜡烛和丝带更提升了作品的浪漫效果和装饰感，非常适合宴会布置以及店面陈列。

主花材： 1 黄色多头康乃馨 2 紫小菊 3 紫红千代兰 4 紫玫瑰 5 紫勿忘我 6 紫洋桔梗
配　材： 1 斑春兰叶 2 满天星

色彩运用说明

- 在白色的花器上也装饰一些紫色的缎带，能让作品中的紫色向下延续，且更为突出。
- 用不同深浅的紫色表现出不同的层次感。
- 黄色为紫色的对比色，当紫色中加入少量的黄色后，作品显得更为活跃。
- 黄色属于暖色，具有膨胀感；而紫色属于冷色，具有收缩感。当作品以紫色为主时，可使用较浅的黄色，同时要控制其用量，以免抢夺主色的光彩。

技巧运用说明

- 在插花时，先用大朵的花材制造空间及造型，再用小朵的花材填充，这样比较方便安排花材并获得较好的视觉效果。
- 满天星以一簇簇的形式插入不容易破坏作品结构。同时满天星有弱化矛盾的效果，是插花作品中的调和剂。
- 当多个单作品做成组合作品时，可以在两者之间运用线条来联结，使其成为一个整体。

紫色 桃红色

紫色与桃红色是两个相邻的颜色,能表现出柔和、温馨的效果。紫色、桃红色再配合一些浅粉色,这样女性的颜色能搭配出非常温柔的气质。如本作品中,两种不同颜色的玫瑰搭配些陪衬的花材制作出一束柔美而具有春天感的花束,经过细软的网纱包装,非常适合送给女性。

主花材: 1 紫小菊 2 紫玫瑰 3 玛利亚玫瑰 4 粉色康乃馨

色彩运用说明

- 在紫色与桃红色之间配合了一些粉色,让作品的色调更为温和,并且以色块的方式相互搭配,非常简洁干净。
- 包装是为了陪衬鲜花,因此在选择包装纸时颜色尽量不要比花束还鲜艳,如若选择过于鲜艳的包装纸,就必需注意要少量使用,控制比例,如本作品中的桃红色包装纸。
- 装饰用的蝴蝶结,在色彩上可以与花束的颜色相统一,也可以有些区别,但尽量不要与最外一层包装纸的颜色相同,否则装饰作用就会显得很弱。
- 紫色与桃红色的搭配是比较艳丽的,在包装时,可以选择少量的白色做调和。

技巧运用说明

- 在制作单面花束时,花材的布局可以依据前低后高的方式,合理保持花与花之间的距离,制造层次感。
- 花束手柄保留的长度要考虑与花束整体比例关系、包装材料及使用方式等因素,综合考虑选择保留长度,通常可以保留15cm左右。
- 一个花束在制作过程中会有2~3道或更多道捆扎绳,在捆扎时要尽量将各个捆扎点控制在2cm范围内,或在同一位置点,避免影响美观。

紫色 香槟色 浅绿色

本作品表现的是三角色的配色方法，活泼而雅致。阳光一样的香槟色玫瑰、优雅的紫色玫瑰和小菊，以及浅绿色的小菊，再填充少量清新的绿色叶上黄金做调和，色彩搭配清新疏朗又优雅。像树枝上生长出的花球造型，简洁中透出趣味。作品像欧式园林中经过巧手花匠打造出来的一棵树，颇为精致，用于家居装饰、宴会布置、店面陈列都非常合适。

主花材： 1 绿色康乃馨 2 小菊 3 香槟玫瑰 4 紫小菊 5 紫玫瑰 6 浅紫勿忘我 7 紫康乃馨
配　材： 1 绿白小菊 2 斑春兰叶 3 叶上黄金

色彩运用说明

- 在色环上紫色、香槟色与浅绿色是呈现三角形的关系，这样的三角配色，具有对比的效果。作品取三种颜色中比较浅淡的色调来搭配，从而减轻矛盾感，使作品柔和而不失活泼。
- 控制不同花材的用量，让主要色彩的花材占70%以上的比例，才能突出主色。
- 在作品的基部也使用与花球同样的色彩，从而与整个作品的颜色保持一致。

技巧运用说明

- 作品用树枝来支撑花球，为了掩盖树枝的僵硬感，可使用斑春兰叶或其他线条花材来装饰。
- 在插圆球型作品时，让花头的高度保持一致，可保证花球弧度的圆润感。
- 在插勿忘我时，要注意花头的方向，让其与作品的弧度吻合不突兀。

紫色单色系

紫色通常代表着高贵，在古代中国以及欧洲，都是非常尊贵的颜色。紫色还代表神秘、优雅、浪漫，也带一丝淡淡的哀伤与忧郁。本作品采用各种深浅不同的紫色与葡萄酒搭配，表现出优雅、浪漫的高贵气质，在中秋节送长辈、朋友、客户，或送给追求生活品质的女性都非常合适。

主花材： 1 紫小菊 2 紫红蕙兰 3 紫玫瑰 4 浅紫绣球
配　材： 1 浅紫勿忘我 2 斑春兰叶 3 高山羊齿（芒叶）

色彩运用说明

- 花篮用紫色系的包装材料做装饰处理，让颜色统一协调，且增加作品的华丽感。但应注意包装材料的色彩应当比鲜花略微暗淡一些，才能更好地衬托花材。
- 紫色容易显压抑，在创作单纯紫色的作品时，可以选择几种深浅不一的紫色花材搭配，使色彩在得到过渡、调和的同时，又能表现出优美的层次感和活跃度。
- 带点灰调的斑春兰叶，在作品中通常能起到很好的调和作用，并可以增添优雅感。
- 紫色的作品，因颜色较暗通常给人神秘莫测的感觉，在展示时可以摆放在光线明亮的环境，以提升作品的亮度。

技巧运用说明

- 在填充花泥时，用玻璃纸等能防水的材料做包装处理，以免漏水弄脏葡萄酒瓶。
- 一般情况下深色花材插在作品底部，浅色花材插在上部，但有时为了突出某种花材的个性，可以不用遵循这样的原则，如该作品就将名贵的大花蕙兰插在其他花材之上，来提升花材的品质感。
- 在花材不够丰富时可以利用常见的一些材料自制成装饰物，如用细铁丝制作成曲线造型，装点到作品中就别具一格。

part 8 咖啡色

咖啡色，是色彩里最复合的一个颜色，是有彩色里最接近黑色的颜色。它属于中性暖色，给人朴素、庄重而不失雅致的印象，是一种比较含蓄的颜色。从感观上来分析，咖啡色给人安全、温暖以及低调、沉稳的感觉；从季节来分析，咖啡色是让人联想到秋天和冬天的大地的颜色。咖啡色可以与多种颜色搭配，并起到调节作用，比如与浅色搭配可以让浅色更有内蕴，与冷色搭配可以增加温暖的感觉，与暖色搭配可以降低燥热的气氛等等。在自然界中咖啡色的花材并不多见，通常秋季的果实或花穗中比较常见。常见的咖啡色花材有咖啡色安祖花，小菊、猫眼、麦穗、枯藤、干莲蓬等等。

咖啡色 白色

　　咖啡色属于低调的暖色，它几乎可以和所有颜色搭配，并起到调节的作用，比如与浅色搭配可以让浅色更有内蕴。单纯的白色作品通常给人干净、素雅、以及轻盈的感受，但难免会让人产生单一而缺乏深度的印象。本作品在白色的直立花材中，加入少量的咖啡色做底部衬托，在增加作品底部力量的同时，成功地让单一的白色表现出向上生长的生命力与延伸感。另一方面将浅咖啡色的野麦秆插入作品中并制造出弯折的线条，好像自然中野生的状态，为作品增添了更多田园气息。

主花材：1 莲蓬 2 野麦秆 3 白玫瑰 4 白菊 5 白紫罗兰
配　材：1 蓬莱松 2 栀子叶

色彩运用说明

- 咖啡色属于有彩色，白色属于无彩色，相互搭配能够彼此调和。咖啡色能让白色更显纯洁，并增加作品的温暖感；白色则能让咖啡色更加深厚有力。
- 咖啡色的加入让作品稚嫩的感觉变得成熟，也将白色衬托得更加有生命力，并增强了作品向上延伸的生命力。
- 将深咖啡色莲蓬插在作品基底，让作品底部具有重量感，从而让作品保持视觉稳定的平衡感。
- 用浅咖啡色麦秆在作品上部营造线条交错的感觉，让作品感觉更自由。

技巧运用说明

- 为了让花材能以直立的状态插入作品中，可以一手扶住花材的上部，一手扶住花材基部，让花材保持垂直的状态再插入泥中。
- 在插直立花型时，如果花材不容易插成直立状时，可以在基部插入小节花秆，让花材保持直立。
- 用铁丝穿入莲蓬的基部制作出插杆，铁丝弯折成90°插入花泥，让莲蓬的面与花泥平行地铺陈于作品中。

咖啡色 黑色 灰色

咖啡色在有彩色中属于中性的暖色。黑色及灰色属于无彩色，色调较冷硬，咖啡色与黑色、灰色搭配能很好地起到调节硬度、提升温暖感觉的作用。本作品是一款模仿自然风景的插化，表现了山石、树木、流水浑然天成的景观。黑色与灰色的色彩组合具有强烈的阴冷之感，加入咖啡色之后能够减弱这种感觉，给人带来一丝温暖。

主花材： 1 莲蓬 2 圆尤加利花蕾 3 小叶尤加利 4 流木根 5 咖啡色小菊 6 黑海芋
配　材： 1 斑春兰叶 2 灯台 3 银叶菊 4 银边富贵竹 5 云杉

色彩运用说明

- 尽量不要把同色的材料安排在一起，如果无法避免，要选择不同质感的材料。如本作品中，花器为光滑的黑色，而黑色的莲蓬在质感上能与花器区别。
- 黑色与灰色的色彩组合具有强烈的阴冷之感，加入咖啡色能够减弱这种阴冷感。
- 咖啡、黑、灰色搭配在一起组成比较暗的色调，适合用来表现秋冬季节的氛围。

技巧运用说明

- 将流木放在花器上后，取大小适中的枝条穿过流木的孔洞插入花泥，便可将流木固定在花器上。
- 用铁丝折成"U"字形，穿过连蓬基部再插入花泥即可固定。
- 同一根树枝其颜色通常也有深浅之分，颜色深的是向阳面，颜色浅的是阴面，在使用时应考虑枝条的走向。

咖啡色 黄色 紫色

咖啡色的温和与沉稳，通常用来调和鲜艳色彩的跳跃感，增加作品的稳定感和柔和感。该作品将咖啡色的枯藤作为基底，黄色的海芋以流畅的弧形装点在枯藤上，犹如枯老的树枝上再生长出的新生命一般，对比强烈；紫色的洋兰、橙红的辣椒更是加强了这种对比感，作品显得十分活跃，再加入咖啡色的小菊，进行恰当地收缩与控制，作品显得协调而活跃。

主花材： 1 紫千代兰 2 观赏圆辣椒 3 咖啡色小菊 4 细枯藤 5 黄海芋

色彩运用说明

- 咖啡色是最接近黑色的颜色，是除了无彩色以外最具有调节作用的颜色，适合与所有颜色搭配。
- 选用咖啡色铁丝，在与作品的整体颜色保持一致的同时，也可以很好地隐藏人工痕迹。
- 紫色在视觉上显得非常重，因此在使用时要控制用量，以小朵的方式来应用，并且分散开来，以减轻色彩的冲击效果。
- 作品围绕藤环呈弧形向下垂，增加了作品动感。因此将重色的花材放置于作品上部，造成上重下轻的感觉，可以进一步增强作品的不稳定的动感。

技巧运用说明

- 在海芋的基部包裹上吸水纸，再用胶带缠绕固定，可一定程度上给马蹄莲提供水分，保持更长久的新鲜。
- 为了让海芋更好地贴合枯藤的弧度，可适当地使用铁丝来捆绑固定。
- 将细铁丝从小菊的花头慢慢刺入花茎中，然后轻轻弯折就可以改变小菊花头的朝向。

咖啡色 金属色

金属色的装饰感很强、很华丽,咖啡色则有自然、古朴、沉稳之感。两者对比产生强烈的视觉冲击,提升了作品的魅力。在本作品中,机械的线条与枯木怪异的形状组合在一起,再加上金属球耀眼的金属光泽与光滑的质感,让人宛然进入了大漠之中,感到孤寂与荒凉,但将其安放在合适的环境中又会给人时尚、现代之感。这款对比强烈的作品,操作简单,搭配华丽,具有强烈的现代气息。

主花材: 1 高粱 2 白桦木块 3 枯木 4 麦秆 5 圣诞球

色彩运用说明

- 只要注意金色在阴影中的效果,就会发现,咖啡色与金色是非常接近的一对颜色。但作品中圣诞球的光亮感与咖啡色自然材质的粗糙、质朴感,形成强烈的对比效果。
- 金属色的华丽与原始材料的质朴所产生的强烈的对比,也撞击出强烈的现代感,提升了作品的魅力。
- 咖啡色的高粱、枯木显得内敛、朴素而沉稳,在作品中将金色衬托得更为华丽、张扬,也让整个作品不至于太浮燥。
- 高粱的咖啡色带有较多的红色成分,在让作品表现得更沉稳的同时,增添了作品的温暖感,使作品不至于太冷硬。

技巧运用说明

- 用铁丝捆绑金属球并束成葡萄串一样的形式来使用,增加体量感。
- 在作品中插高粱的时候,尽可能将高粱的秆插于枯木之后,以免从透明的玻璃容器正面看到明显的枝干而影响美观。
- 在野麦子秆束中加入一根稍粗的铁丝,再用细铁丝将其捆绑固定,利用铁丝将野麦子随意弯折出想要的形状。

咖啡单色系

咖啡色是色彩里成分最复杂的一个颜色，给人朴素、庄重、含蓄而不失优雅的印象。本作品用材非常简单，几枝莲蓬、三枝安祖花再配合一些金属铁丝，就设计出非常有意蕴的作品，并且将咖啡色温和、成熟、饱满的效果表达得淋漓尽致。本作品具有现代东方式花艺设计的风格，适宜装饰具有中国风的餐厅、新中式风格家居，或是配合现代简约家居，艺术的气质尽显。

主花材： 1 莲蓬 2 咖色掌

色彩运用说明

- 咖啡色是由红、黄、蓝三种原始的颜色形成的，是色彩中最温和、低调的颜色。由于咖啡色中三种原色的比例不同，可以呈现出千变万化的色彩效果，即使单独使用，一样可以表现出丰富的变化。
- 花器是具有光泽感的咖啡色，莲蓬是深咖啡色，安祖花是带着一些橙色的咖啡色，这三个颜色搭配在一起形成层次的变化与递进。
- 因为整个作品都是咖啡色的，为了让色彩保持统一的基调，捆绑用的铁丝也全都使用咖啡色。
- 瓶口的部分是整个作品的着力点，深色厚重的花材在此位置的适当集中，使作品有收缩的紧张感，并且使作品中伸展的线条更有表现力。

技巧运用说明

- 将莲蓬具空洞的表面剪下，形成莲蓬带有孔洞的有趣质感表面。剪下的下半部分莲蓬也有用处（见"咖啡色-白色"作品）。通过将莲蓬分解成不同的部分，可增加作品的趣味，制造出变化。
- 用铁丝缠住花材的枝杆，即可借助铁丝的韧性随意弯折花材至需要的弧度与方向。
- 将咖啡色的铁丝作为材料融入到插花作品中，以自然弯曲的形式插在安祖花的下方来丰富作品的空间感，并增加了作品的现代感。

咖啡色对冷色调的调节

咖啡色是由暖色加入黑色后所形成的颜色，色调虽然暗沉，但仍然能给人温暖、安定的感觉。而蓝色、紫色是属于冷色调，通常给人寒冷的感观体验，比较适合夏天使用。本作品用咖啡色的枯藤制作一个环形的架构，作为花束的基底，让枯藤的咖啡色在各冷色调的花材中若隐若隐地陪衬，调节作品的色调。花材可依据架构的形状形成弯月的弧形效果。

主花材： 1 细枯藤 2 绿小菊 3 高山羊齿 4 蓝澳洲蜡梅 5 孔雀草 6 蓝紫色洋桔梗 7 紫勿忘我 8 紫小菊

色彩运用说明

- 各种颜色单独成环来组合，形成色块来搭配，让每种颜色的色彩都很清晰。咖啡色的枯藤在各颜色间隐约地露出来做相应调和，减少了各颜色的矛盾感。
- 咖啡色加入冷色当中，让冷色增加了一些温暖的感觉，减轻了其孤傲感。
- 花束的整体风格比较质朴，因此收尾时挑选质朴的浅咖啡色拉菲草做捆绑装饰，以保持整体统一协调。
- 最后再在作品中加入用拉菲草制作的绳辫，浅咖啡色的线条，起到装饰作用的同时也起到柔和色彩的作用，并与深咖啡色枯藤形成呼应。

技巧运用说明

- 用细枯藤以一个定点作为支点盘旋，形成一个内里包含三个小环的圆环，制造出弯月形的空间间隔，让圆环的架构多一些变化。
- 作品中架构被做成一圈一圈的弯月形，花材则依势也做成一圈一圈弯月形，从而让架构与花融为一体，表现出流动感。
- 在让花材排列成弯月形状的时候仍然要保持螺旋的形态。

咖啡色对浅色调的调节

咖啡色色调暗沉，通常带有沉稳、安定的气质，让人联想到岁月的积淀。而浅色调的花材搭配在一起通常能给人轻松、活泼以及柔美的感觉，也会显得非常青春年少。当浅色调与咖啡色相遇后，就会让质轻色浅的作品增加了一份质朴、沉稳，并呈现出更多的厚度感、层次感。作品中浅香槟色玫瑰、粉色非洲菊、藕荷色勿忘我，再搭配绿色的小菊，组合成非常清新的色调，而在咖啡色的陪衬下，作品更富有生机及田园气息。

主花材： 1 莲蓬 2 香槟玫瑰 3 黄康乃馨 4 绿小菊 5 藕荷勿忘我 6 粉小菊 7 紫玫瑰 8 粉非洲菊
配　材： 1 紫边白小菊 2 紫孔雀草 3 米兰叶 4 高山羊齿

色彩运用说明

- 浅色调的花材以平均分布的方式设计成半球形，让人感觉丰富多彩。
- 咖啡色材质做成底盘置于作品下部，衬托得鲜花更加娇美，同时让作品更有分量、更加沉稳。
- 色浅、轻盈的花材安置在半球形的表面层次，而有紧密感、看上去较重的花材置于花束靠内的层次上，这样的设计能加强作品的层次感，并产生富于变化的视觉效果。

技巧运用说明

- 借助圆规或其他工具将硬纸板裁出一个圆环，再用缎带包边增加厚度，做成花束的圆环架构。
- 将莲蓬剪成平面的三角形小块，组合贴在圆环上做装饰，可以用热融胶来固定。
- 找出圆环的三等分位置，分别用三根铁丝插入其中，再在中心位置聚集弯折成手握柄，花束的构架就做成了。

part 9 缤纷色

缤纷色，顾名思义是在同一个作品中使用大量的、五彩缤纷的颜色。但是如此众多的颜色搭配起来会产生多种难以驾驭的视觉冲突与矛盾。如何将这些矛盾与冲突调和就显得尤为重要。

暗调缤纷色

这个暗调缤纷色的作品综合了差不多半个色环上的颜色，它们是在纯正色彩的基础上加入黑色形成的，即色环的最里面暗色的两环。这种色调给人以深沉的优雅、低调的奢华之感，彰显出巴洛克时期的色彩特征。用这两层色环所属色彩的花材制作的作品，虽然看上去很缤纷，但是也不会觉得很杂乱，因为色调中的黑色很好地调和了这种矛盾。

主花材： 1 大花飞燕草 2 蛇鞭菊 3 紫红康乃馨 4 红蕙兰 5 红玫瑰 6 高粱 7 松果菊
配　材： 1 八宝景天 2 紫色绣球 3 紫边蓝绣球 4 木百合 5 尤加利叶 6 红瑞木

色彩运用说明

- 多元色彩的搭配应注意所应用的颜色要有共同特征，如本作品中花材的色彩都有一个共同的特征——暗：紫色的绣球、暗红紫色的大花蕙兰、咖啡红色的高粱、暗紫红色的木百合等，都是暗色调。
- 在遮盖花泥时，为避免花材过于单一，可选用多种类型的花材，分色块安排在作品中，形成丰富的质感变化。
- 整个作品的色彩差不多有近十种之多，很丰富，需要注意的是各种色彩要穿插处理，分散在作品中。

技巧运用说明

- 作品是四面观直立平行的作品，花材要参差错落。花材要很直立地插在瓶器中。
- 插直立作品时，若花材没有插正，不要拔出来重插。可将花材扶正，并在其插点旁边插一小段枝干抓住该花材，使其归正。
- 每种花材应注意不可集中于一点，注意色彩和花材品种的前后、左右呼应关系。

纯色缤纷色

纯色缤纷色是色环中间那一圈最亮丽的颜色的综合。花材的色彩既不带黑，也不泛白，也没有灰分。案例作品在花篮中用鲜花插出来一个花束的造型，感觉像是一束花放在花篮中。花篮中的花材与颜色五彩缤纷，但是多而不杂、艳而不俗。

主花材： 1 刺芹 2 洋桔梗 3 红玫瑰 4 红色康乃馨 5 桃红色康乃馨 6 艳粉多头玫瑰 7 橙色玫瑰 8 黄色小菊 9 黄绿色小菊

配　材： 1 暗红色小菊 2 粉色玫瑰 3 高山羊齿 4 黄莺 5 栀子叶

色彩运用说明

- 制作色彩缤纷的作品时，要将同一个颜色的材料一次性插完，以免后期不好掌控色彩分布。
- 在这个作品中，要使作品做到艳而不俗，就要把握花材的共同色彩特征：纯、艳。
- 同一种颜色的花材在平面上最好呈现三角形、四边形等形状，形成框架的感觉，而忌讳将其处理成一条直线。

技巧运用说明

- 花束式的花篮为避免花朵与枝干之间衔接出现的突兀感，可加上一个球形丝带结作为装饰。
- 相邻的两组花朵不仅色彩应当不同，花材的种类也应有所不同。

灰调缤纷色

灰调缤纷色是在纯色的基础上，加入灰色而形成的，将这样的灰调颜色组合在一起就是灰调的缤纷色，但在色环上显示不出来。灰色会显得陈旧，但是在色彩学中有一个词叫做"高级灰"，就是说灰色这个颜色其实是一个非常有设计感的元素，如果掌握得好就显得非常有格调。案例作品是一款小手捧花。这种小手捧花在西方很流行。在作品中，我们能看到高级灰的体现，由于它的加入，作品给人一种优雅、高贵的感觉。

主花材：1 刺芹 2 澳洲蜡梅 3 浅紫玫瑰 4 灰紫菊花 5 玫紫康乃馨 6 灰粉玫瑰 7 谷子 8 小叶尤加利　刻球花
配　材：1 紫边蓝绣球 2 银边富贵竹 3 玉簪叶 4 银叶菊

色彩运用说明

- 不同色彩，在加入白色后颜色会变浅，加入灰色后会变得沉稳。
- 灰色调的共同特征使本作品的色彩变得十分柔和，协调统一。
- 灰色是一个设计感非常强的颜色，运用得当可以使作品显得有格调。丝带也选择带有灰分色彩的，与花束协调统一。

技巧运用说明

- 多品种花材创作半球形花束时，不同花材虽有高低层次变化，但错落不可过大，应使造型保持半球的形状，尤其叶子不可伸出花球弧面太长。
- 花束系丝带结的时候，一定要先系一个死扣再开始打蝴蝶结，这样可以避免花束松散。
- 小花材可以直接穿插在绣球花中，将绣球花的色块打破分割。

冷调缤纷色

这种色调在色环上所处的范围是从紫色一直到绿色。这个范围内的色彩给人感觉比较凉爽。冷色的花有一个共同的特点，就是视线的感觉有一种收缩感。什么是收缩感呢？比如将蓝色的和橙色的花放在一起，同样大小的色块，但给人的感觉是，橙色的色块要比蓝色的色块面积更大，这就是蓝色的花有收缩感的缘故。

案例是一款体现植物自然生长的田园式作品，给人的感觉就像是漫天的野花一丛一丛地生长在山涧旁边，能在夏天带给人无尽的清凉。

主花材： 1 绿小扣菊 2 绿康乃馨 3 尤加利 4 浅蓝绣球 5 蓝绣球 6 蓝紫大花飞燕草 7 蓝紫洋桔梗 浅紫玫瑰
配　材： 1 刺芹 2 八角金盘 3 新西兰叶 4 一叶兰

色彩运用说明

- 暗色的花材适合插在作品下部，形成一个自然的生长在树荫下的感觉。
- 在一个作品中，无论选择了多少种颜色，这些颜色一定要有一个共性才能够相互协调统一在一起，本作品中的颜色都是冷色，使他们能很好地协调。
- 这里的绣球虽然是浅蓝色的，但是绣球本身体型较大，给人感觉比较重，因此适宜插在偏下的位置。
- 将相同的花材成组地插在一起，就像是相同颜色的花一丛一丛地自然生长。

技巧运用说明

- 多头的花材如果其中有部分花头断落，应将其所在的茎枝剪除，以免插入作品中显现衰败枝干，影响美观。
- 作品底部的配叶与花朵一样，不同类型的叶子不要太分散，最好成组插在一起，更有利于质感的呈现，不混乱。

冷调缤纷色的调节

这款作品巧妙利用了常见的玻璃片与玻璃容器组合，将各色花材分区域地分布在花器中，在花器中添加带有冷色调的蓝色亚克力块，将花枝完全遮盖，给人以干净、清雅之美。在冷色系色彩组合的作品中，适当加入柔和的黄色使作品变得活跃、温暖，又加入马蹄莲优美的枝干，优雅的线条打破了玻璃容器带来的僵硬和花材的冰冷之感，让人在冰冷的环境中感受到了阵阵的暖意。

主花材： 1 黄海芋 2 黄绿小扣菊 3 澳洲蜡梅 4 蓝紫洋桔梗 5 勿忘我 6 红紫小菊

色彩运用说明

- 在冷色系色彩组合的作品中适当加入暖色可使作品变得活跃、温暖，如作品在冷色调的色彩中加入了较为柔和的暖色黄色马蹄莲，效果变得不再冰冷、僵硬。
- 在绿色中加入蓝色可使绿色的感觉变冷。
- 为保持作品的冷调特点，在加入调节作用的暖色时一定要小心控制用量，否则会破坏作品的整体效果。

技巧运用说明

- 不要将作品中各个区域的花材插得一样高，高低错落分布才会更美观。
- 将所有花材的茎秆都插在亚克力水晶块中间，不要从侧面露出来，以免破坏美观。
- 在作品中加入优美的线形材料可以打破玻璃容器带来的僵硬和花材的冰冷之感。

暖调缤纷色

该色调与冷调缤纷色是相对的，带给人的感觉与冷调缤纷色也正好相反，给人的视觉冲击力非常强烈，体现出的是扩张的、迎面而来的感觉。暖调缤纷色适合应用于秋冬季以及喜庆的场合，也适合表现非常欢快的、热带风情的场合。

案例作品使用了一个半圆形的架构，每一朵花都镶嵌在架构上的圆圈中，既构成了美丽的图案，又可以帮助花朵保持形状。在作品的弧面上加入了一些刚草形成的线条，使作品具有现代感，并将多频散点状的结构有效地组织起来。

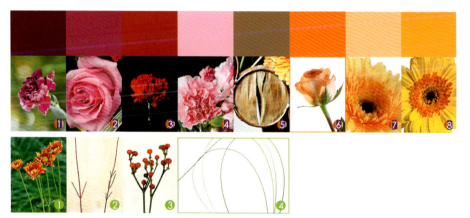

主花材： 1 紫红康乃馨 2 桃红玫瑰 3 红康乃馨 4 粉康乃馨 5 千一叶兰 6 橙玫瑰 7 金黄非洲菊 8 橘非洲菊
配　材： 1 红色小菊 2 红瑞木 3 观赏辣椒 4 刚草

色彩运用说明

- 冬季的节日比较多，可以多用暖缤纷色来营造欢快、喜庆、祥和的气氛。
- 在此作品中各种颜色的花材不要成块分布，而是要尽量分散。
- 花器、配材也应与花材保持色彩特征的一致，如此作品中咖啡色的花器与铜圈的架构，色彩就是一致的。

技巧运用说明

- 让每一朵花都镶嵌在架构上的圆圈中，每支花都将叶子去掉，只留下花朵。花朵在架构的圆圈中，还能保持花型，不至于开得太过或者下垂。
- 架构用三根红瑞木支撑，作品完成后，花材会将红瑞木遮盖，不会影响视觉效果。
- 在用刚草穿小辣椒时，可以先用铁丝在辣椒上扎一个洞，再将刚草穿进去。刚草穿在架构中固定，不用绑扎。

暖调缤纷色的调节

暖调的色彩能给人温暖、热情、奔放的感觉，适合使用在各种喜庆的场合当中，但容易给人燥热的感觉。在全暖色的作品中加入少量的冷色调，能适当地降低作品过于热烈的气氛，并让作品呈现出一丝优雅。本作品由几个同色系但大小不同的作品组成，这样的作品在搭配时会有更多的变化性，整体颜色热烈而又不失优雅，非常适合在具有格调的环境中使用。这款作品中还巧妙地加入了葡萄这个材料，所以在葡萄酒会的装饰陈列中或西餐晚宴的桌花布置中也是非常适合的。

主花材： 1 勿忘我 2 葡萄 3 洋兰 4 紫红康乃馨 5 红玫瑰 6 红康乃馨 7 灰橙小菊
配　材： 1 紫小菊 2 红叶石楠 3 红朱蕉叶 4 松果菊

色彩运用说明

- 咖啡色松果菊果实的使用，可以使整个作品看起来更加厚实、稳重。
- 在全暖色调的作品中恰当加入少量的淡淡的冷色调材料，可以调节暖色调过于火热的感觉，使作品呈现出一丝优雅。如作品中，暖色的花材中加入一些偏冷色调的藕荷色勿忘我后，作品显得更加柔美、优雅。
- 饱满的色彩应当用饱满的形式来表现，如本作品中，饱满的暖色与饱满的半球形配合就十分恰当。

技巧运用说明

- 瓶插花束泡在水里的叶片一定要处理干净，否则易腐烂。
- 在制作球形作品时，可在其他花材都加好的情况下，再插入兰花，这样可使兰花的花朵借助其他花材的支撑浮在作品表面。
- 葡萄枝条比较细软不易插制，可用细铁丝缠绕葡萄茎干做出插杆，再插入到花泥中。

浅调缤纷色

浅浅淡淡的缤纷色，是色环外圈色彩的综合，这些颜色都是在纯正的色彩基础上，添加白色而形成的。这种色彩组合在呈现五彩斑斓效果的同时，给人一种欢快、甜美的感觉。案例作品虽然应用的色彩种类很多，有浅黄、浅紫、浅黄、嫩绿、香槟色等等，但一点也不觉得混乱，反倒很清雅。这样的色彩，非常适合应用于小孩的生日party、婚宴，以及赠送给小女孩的花礼。

主花材： 1 浅紫洋桔梗 2 粉康乃馨 3 香槟玫瑰 4 浅香槟玫瑰 5 黄康乃馨 6 绿小扣菊 7 浅蓝绣球
配　材： 1 雪柳

色彩运用说明

- 花材的色彩尽量都是浅色的，以便作品色彩统一。
- 各种色彩之间可以随意搭配。因为各种浅色色彩之间没有非常明显的视觉冲突，在使用浅色时可以不用考虑色彩之间的矛盾。
- 同一种颜色的花材在作品中不要集中在一点或者形成一条直线，否则会显得僵硬。可将花材分散地插入花器中，每种花材尽量有三个以上的点，这样会让作品显得更缤纷、更自然。
- 作品可以单独呈现，也可以多个组合，将单个作品缤纷的视觉效果放大。

技巧运用说明

- 花器采用各种颜色的缎带编织而成，与花朵保持色彩的一致。
- 小菊等小朵的花材可以在最后插入作品中，这样可以填补空隙，让作品形状更饱满、更完整。
- 可以用多个这样的单个小作品组合应用。雪柳最后插入作品中，可以增添作品的活跃感，在作品组合时，还能将单个的作品联系起来，变成一个整体。

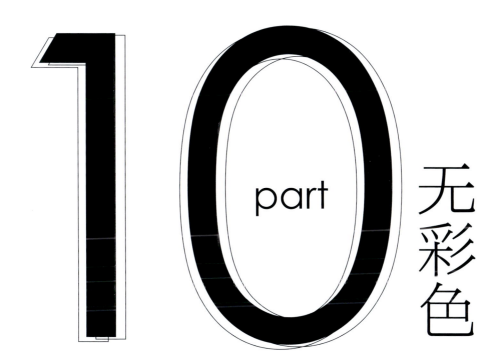

part 10 无彩色

无彩色，包括黑色、白色、灰色这三种颜色，是自然界中存在的、用黑白胶片拍摄后颜色不会产生变化的颜色。在花艺作品中，黑、白、灰这三种颜色常用，而且作品中加入了这几种元素之后会产生不同的变化。黑色是个性的、诡异而又神秘的；白色是纯洁的、优雅而又明亮的；灰色是介于二者之间具有调和作用的元素。无彩色运用得好，会让作品提高档次和艺术价值，所以学习好无彩色的搭配是提升花艺设计水平的一个重要途径。

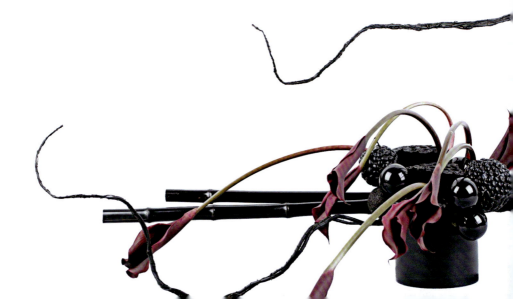

白色 粉色 黄色 绿色

白色是最干净、最明亮的颜色。白色可以跟所有的色彩搭配，所以其作用也容易被忽视。白色可以调节对比色彩搭配中的视觉冲突。在本作品中，粉色、黄色与绿色的搭配非常亮丽，是属于春天的色彩，能表现出春暖花开的缤纷效果，加入白色后相对地降低了多种颜色搭配的矛盾感与杂乱感，并增加了一些明亮的感觉。这款花束形态简洁，色彩清雅，低调的包装充分突出了花束的精美，是一款非常适合赠送给朋友的节日花礼。

主花材： 1 粉红色小菊 2 灰粉色玫瑰 3 粉色康乃馨 4 黄色康乃馨 5 湖绿色小扣菊 6 白色小菊
配　材： 1 黄莺

色彩运用说明

- 白色是最干净、最明亮的色彩；白色可以与所有的颜色搭配。
- 在多种颜色搭配的花束中加入白色，可以降低作品的鲜艳度，来弱化颜色之间的矛盾感。
- 将绿色包装纸隐约藏在白色包装纸中，使白色包装纸不至于过分苍白，同时在不破坏包装素雅效果的同时，增添春天的气息。

技巧运用说明

- 使用螺旋技法的优点之一就是在制作花束的过程中可以随时向已完成的花束部分添加花材，且不会破坏花束的形状与结构。
- 花束包装分为两个步骤，一是保水处理，二是花束外部包装。一定要按照这个顺序才能够保证花束包装质量。

黑色 白色

在中国的传统习俗中,黑色与白色都是属于阴性的色彩。黑色与白色是无彩色设计中最极端的两个颜色,一个代表着极暗,一个代表极亮,二者的搭配是一组最纯粹的色彩搭配,也是极端个性、非常时尚、永不过时的一组搭配。在现代理念的设计中,黑色与白色的搭配也是一组经常被使用的经典色彩设计。本作品用最简约的方式将黑与白这两个极端的色彩通过丰富质感与夸张的线条完美表达出来,风格时尚、现代。

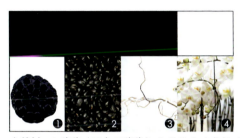

主花材: 1 莲蓬(黑色干莲蓬)2 黑豆 3 云龙柳 4 白色蝴蝶兰

色彩运用说明

- 在中国的传统习俗中,黑色与白色都是属于阴性的颜色。本作品的黑白配色,令作品表现出奇异的感觉,具有强烈的视觉冲击力。
- 黑色与白色是无彩色设计中最极端的两个颜色,一个代表着极暗,一个代表极亮,二者的搭配是一组最纯粹的色彩搭配。
- 黑白搭配的作品,两种色彩能够起到相互衬托的作用,白色使黑色显得更加黑暗、沉重,加强了黑的神秘感;黑色使白色变得更干净与纯洁。
- 将黑白两个极端的色彩组合在一起会使作品显得时尚、有个性,永不过时。

技巧运用说明

- 当两个分离的花泥组合使用时,可用竹签插入两块花泥衔接处来做固定,并注意一定要从几个不同角度插入固定。
- 为使蝴蝶兰的花开得更长久,可将其插在小兰花管中,再将兰花管插到花泥上。
- 在粘贴黑豆时,将胶涂在黑豆上再粘于花泥上,可避免胶液暴露出来而影响美观。

黑色 白色 灰色

黑、白是较冷硬的颜色，而灰色则比较中性、柔和。黑与白的搭配时常出现在时尚设计中，感觉永远都不会过时。这款作品是一款典型的黑白灰色设计，在黑与白中加入灰色的成分，调和了黑与白强烈的对比，添加了一分从容与优雅，直立的造型凸显了作品的线条美，再加入一根黑色的云龙柳，优美的线条又给作品增添了一丝动感与神秘。作品适合使用在雅致有格调的环境中。

主花材： 1 暗红色海芋 2 灰紫色菊花 3 尤加利叶 4 银叶菊 5 刻球花 6 白玫瑰 7 白色康乃馨 8 干莲蓬
配　材： 1 云杉 2 银河叶 3 银边富贵竹 4 一叶兰 4 大蒜

色彩运用说明

- 自然界中黑、灰色的花材极其难得，因此这样的设计会让人觉得别致而有个性。
- 自然界中黑色的花材较少，因此可选用一些干燥的花材用喷漆喷成黑色来替代，也可利用黑色的配件和花器来加强黑色效果。
- 灰色不仅在黑色与白色中起平衡、协调的作用，在其他矛盾的色彩搭配中也同样可以起到平衡、协调的作用。

技巧运用说明

- 海芋的皮不易被剪断，但千万不要用手去把皮撕掉，因为撕掉皮后海芋的茎失水不平均易弯曲，不能保证在作品中的形态完美。
- 可利用稍粗的铁丝弯成"U"形来将干燥的莲蓬固定在花泥上，注意不要将铁丝明显地露出来。
- 笔直安静的平行线条中，加入一两根扭曲的线条，可增添作品的变化，并且使平行线条显得更安静。

黑色 橙色

黑色给人阴暗、神秘之感，橙色给人阳光、积极之感，二者的结合强烈而又诡异，难怪在西方万圣节期间最喜欢这样的色彩设计。经典的黑与橙搭配的案例作品，将万圣节神秘而又欢快的气氛表现无遗。想到万圣节我们脑中浮现的就是经典的南瓜，而这款作品中将南瓜、蝙蝠、面具这些元素全都结合在一起，却又不显得杂乱。橙色的花丛中隐约露出黑色的面具，通过黑色与橙色的对比，将黑色的神秘、诡异之感展现得淋漓尽致。

主花材： 1 黑豆 2 观赏辣椒 3 橙色小菊 4 橙色玫瑰 5 金色火炬鸡冠 6 非洲菊
配　材： 1 灯台 2 高山羊齿 3 栀子叶

色彩运用说明

- 黑色给人怪异、神秘之感，所有使用黑色的作品都会产生一定的神秘效果，与极鲜艳的色彩配合，这种效果会更加突出。
- 黑色与橙色一样都是经典的万圣节色彩，他们体现了光明与黑暗的对比，同时也表现了秋天的饱满。
- 越暗的颜色越有收缩感，给人很远的视觉效果，因此要将暗色安排在靠后和下部的位置才能体现其作用。
- 黑色可以调节任何有彩色之间的矛盾关系。

技巧运用说明

- 在制作表现秋天的作品时，加入果实可以突出其秋天的特点。
- 将面具若隐若现地插在花朵后面，除体现万圣节的神秘感，也使作品具有更大的空间层次。
- 南瓜、蝙蝠、面具等为万圣节的标志性元素。

黑色 粉色

　　黑色是很深沉的色彩，诡异、个性；粉色是轻盈的色彩，娇艳、甜美。这款表现圣诞节的代表作品，阐释了黑色与粉色的搭配关系。黑色与粉色不论在鲜艳感、明暗效果上都有强烈的对比。本作品选择了带有灰调的粉色玫瑰，降低了粉色的明度，又在其中添加了色彩较为柔和的珠光金属球，这样与少量的黑色线条搭配起来就不会显得怪异与突兀，也使得作品更加温馨与复古。在平安夜里使用这款作品一定有温馨、甜蜜又不失时尚的浪漫气氛。

主花材： 1 灯台　2 灰粉色玫瑰　3 云杉　4 圣诞球

色彩运用说明

- 圣诞节装饰其实没有颜色的约束。如本作品中，粉色在加入了圣诞元素之后，也可以很好地表现圣诞的氛围。
- 黑色是一个非常好的陪衬色彩，它能够帮助几乎所有颜色有更好的表现。作品中，外围黑色的框架将内部粉色的花朵衬托得更加娇艳。
- 为了使黑色能够起到很好的衬托作用，又不至于给作品增加过多的诡异感，应当控制作品中黑色的使用比例。
- 黑色的设计给人新奇感，合理的使用可以使作品时尚新颖。

技巧运用说明

- 成组的作品中，组与组之间的花艺形态是相似的，这样能够呈现出相互呼应的作用，使作品更加有层次和厚度。
- 将圣诞球尾部的装饰帽去掉，用铁丝缠在凸出的口上，就可以很好地固定圣诞球。

黑色 红色

黑色是深沉、压抑、神秘的，而红色是热情的、喧闹的，红与黑的搭配是非常鲜明而又经典的。本作品主要表现的是黑色与暗色的搭配，所以选择的红色不是鲜亮的正红，而是加入了黑色元素的暗红色。黑与暗红色的搭配，低调而优雅、庄重而华贵，线条优美的黑色容器更增添了这种效果。机械的线条与优美的枝条相互交错，给人一种强烈的视觉冲击。

主花材： 1 暗红色玫瑰 2 红色大花蕙兰 3 暗红色掌（暗红色安祖花） 4 木百合 5 黑色干莲蓬
配　材： 1 红瑞木 2 红朱蕉

色彩运用说明

- 此作品充分诠释了"低调奢华"的概念。
- 黑色与暗红色的搭配显现出稳重、大气、雍容而又典雅的感觉，但因色彩较暗，对灯光条件要求较高。
- 作品底部的黑色莲蓬像是陷入红色花材中，犹如灯光下的阴影，使暗红色的花材更加富有层次感。
- 黑色在作品中可以加强色彩深度，增强阴暗沉重的感觉，因此无论什么颜色加入了黑色之后都可以变暗，显得更加深沉、低调。

技巧运用说明

- 取一根红瑞木，用钳子将红瑞木要弯曲的位置夹扁再弯折，可以使枝条不致折断。
- 用2～3个"U"形铁丝从不同的位置将莲蓬固定在花泥中可以更稳固。
- 用订书机将一片朱蕉叶反折订好插在作品的一侧，可以跟另一侧自然的朱蕉叶形成很强的方向感。
- 一个作品中，机械的线条与优美的曲线之间可以形成强烈的对比。

黑色单色系

黑色是一个个性、时尚且诡异的色彩，单纯黑色的设计会给人强烈的神秘感。这款作品的基本形态就是一个很普通的水平型，色彩也很单一，但是在作品中加入了几组舞动的线条之后，作品便产生了一种灵动的美。黑色搭配夸张的线条更凸显了其神秘与诡异，这类设计给人一种特立独行的感觉，适合在万圣节、酒吧等比较个性的场合使用。

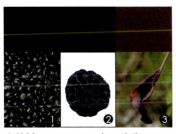

主花材：1 黑豆 2 黑色干莲蓬 3 黑红色海芋
配　材：1 刺芹 2 云龙柳

色彩运用说明

- 黑色是最神秘的颜色，适合创作个性、特别的作品。
- 在制作单纯色彩的作品时尽可能选择多种不用质感的材料，来增加作品的变化。
- 作品的颜色跟造型是相关的，尤其是一些特殊的颜色可以通过造型来进一步加强色彩营造的效果。
- 单纯的黑色作品对于环境的要求较高，所以陈列时一定要选择合适的光线环境。

技巧运用说明

- 在云龙柳的主干位置加入一根较粗的铁丝，然后用细铁丝将所有的分枝与其缠在一起形成一条弯曲的粗线条，就可以利用铁丝的造型能力将云龙柳弯折出想要的线条。
- 如果选择在花泥上粘贴某种材料来做设计，可选择使用不易粉碎的干花泥来进行操作。
- 可通过增加材料的质感变化来增加造型的层次感。

灰色 白色

白与绿的搭配相信大家都非常的熟悉，清新自然总会使人心情愉悦。本作品是一款加入了灰色成分的白与灰绿色的手捧花束，在白与绿中加入灰色后顿时让作品产生了一种朦胧感，使作品看起来更加优雅、从容。作品选择了多种质感的花材，尤加利的花蕾像是镶嵌在花丛中的宝石闪烁着悠悠的光彩，清新的绿心白乒乓菊若隐若现地飘动在其中，又给人浪漫的气氛……

主花材： 1 白色乒乓菊 2 白色康乃馨 3 白玫瑰 4 刻球花 5 银叶菊 6 小叶尤加利 7 银边富贵竹

配　材： 1 刺芹 2 尤加利花蕾 3 高山羊齿 4 玉簪叶

色彩运用说明

- 灰色是优雅、低调、温和的代表，可使任何鲜亮明快的色彩搭配变得更温和。
- 灰色的低调、温和会带来较强的模糊感，可使任何鲜明的色彩变得朦胧、优雅。
- 灰色的模糊感使得它有种暧昧的感觉，这种暧昧感有时也会起到破坏作用，即会削弱作品的个性，因此在使用灰色时应有仔细的考虑。

技巧运用说明

- 银叶菊的叶子不够长时可加入铁丝缠绕延长，但一定要用绿胶带将吸水棉或吸水纸固定在花枝切口保持水分。
- 圆形手捧花束一定要按照螺旋的技法来制作，这样可以随时在不同的位置添加花材而花型不变。
- 花束结尾处用于遮盖花枝的芒叶应修剪后再使用，以免比例失调破坏美观。

灰色对纯色的调节

纯正的红、黄、蓝的色彩搭配具有很强的跳跃感。灰色是一个比较暧昧的色彩，它能够跟所有的色彩搭配，产生朦胧美，起到调和的作用。但相对于另一个暧昧的色彩粉色来说，灰色是属于偏男性的色彩。灰色对纯色的调节作用在本作品中得到了很好的诠释，作品中使用纯度较高的红色康乃馨、黄色小菊与蓝紫色孔雀草相互搭配，给人非常艳丽、热烈的印象，但是加入少许的灰色花材后，原本艳丽的色彩得到调和，渐趋向于沉稳及安定。

主花材： 1 红色康乃馨 2 黄色小菊 3 银边富贵竹 4 刺芹 5 紫色孔雀草 6 情人草
配　材： 1 斑春兰叶 2 高山羊齿 3 银叶菊 4 栀子叶

色彩运用说明

- 红、黄、蓝这三种颜色纯度比较高，搭配起来过于活跃，容易产生喧闹之感。
- 情人草是典型的含有很高灰色成分的花材，与带有灰分的银边富贵竹一起加入作品后，可以降低作品喧闹的感觉。
- 灰色是比较暧昧、较能掩盖个性的颜色，能够跟所有的色彩搭配，并使对比颜色的跳跃感得以减弱。
- 由于灰色有削弱作品色彩个性的作用，使用时应当根据作品主题慎重使用。

技巧运用说明

- 自然式插花方式的技巧：将各种花材成组地插在一起，即插成像一丛一丛自然生长的状态。
- 将各种花材按照色块的形式一组一组地分布于作品中，同种花材的组与组之间要形成高低、前后或左右的呼应关系。
- 花材布局要有层次感，不能将所有的花材都分布在一个平面。

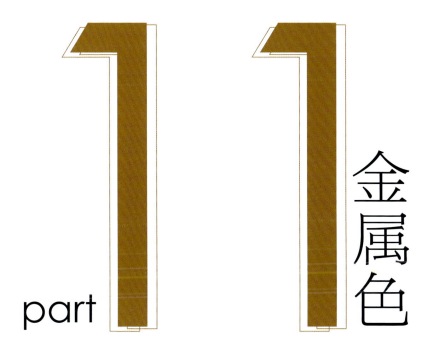

part 11 金属色

金属色，给人一种时尚、现代、高贵的感觉。现代元素中越来越多地开始运用金属色。金属色不仅仅是一个色系，它是一类颜色的统称，如：金色、银色、古铜色、金属红、金属蓝、金属绿、金属银……圣诞以及复古的设计中，也经常会用到这些颜色的素材。

金色是所有金属色中最富丽堂皇的颜色，它可以与任何色彩进行搭配，并对其他的颜色具有调节补充的作用。本作品主要表现的是金色与白色搭配的艺术效果，用金色铜线及铁丝纯手工制作的华丽的手捧花提篮，搭配纯白色花材，做工精细，色彩简洁，强烈的对比给人华丽高贵的感觉，手持这款手捧花的新娘一定能够光彩夺目。

主花材： 1 白玫瑰（雪山玫瑰）2 白色洋兰 3 铜线

色彩运用说明

- 白色是最纯洁的色彩，具有调节、补充的作用，可以与任何色彩进行搭配。
- 金色是所有金属色中最富丽堂皇的颜色，对其他的颜色具有调节补充的作用，也可以与任何色彩进行搭配。
- 白色玫瑰花球的色彩非常洁白，不论与什么颜色搭配都表现出纯洁脱俗的高贵，金色带有华丽花纹的花器使白色花朵看起来更加华丽高贵。

技巧运用说明

- 制作兰花串的细节注意事项：在铁丝底部系一颗珍珠，在装饰的同时起到固定兰花的作用，并且将兰花按从小到大的顺序串联，让花串呈现变化的美。
- 制作玫瑰花球时，将玫瑰的花枝完全插入花泥只留一个花头的长度即可。

金色 橙色

金属色因过分闪亮，且自然界中几乎没有金属色的花材，所以在花艺设计中通常充当陪衬的角色。金色能表现出端庄、华丽、成熟的印象，可以与所有的颜色搭配并呈现出闪亮、辉煌的高贵气质。在本作品中，金色作为橙色的陪衬，虽然使用的比例较少，但却使作品中原本气质平凡的橙色表现得更加华丽、高贵，显示出成熟气质。作品大气、华丽，适合在秋季使用，或者应用于华丽、气派的非正式场合。

主花材：1 松果菊 2 小菊 3 橙红色姬百合 4 橙色玫瑰 5 橙色康乃馨 6 金色干莲蓬
配材：1 高山羊齿 2 栀子叶 3 槟榔芯 4 侧柏 5 龟背叶 6 红叶石楠 7 红朱蕉

色彩运用说明

- 金属色因过分闪亮，且自然界中几乎没有金属色的花材，所以在花艺设计中通常充当陪衬的角色。
- 金色在这款花束中，能够起到很好的辅助橙色的作用，让橙色表现得更成熟、更华丽。
- 金色可以使所有色系搭配产生端庄、成熟感，又因其具有特别的金属光泽可使其表现出华丽的效果。
- 金色是黑、白、灰以及银色以外，最能够起到协调作用的颜色，所以金色几乎可以跟所有的色彩搭配。

技巧运用说明

- 当干莲蓬没有茎杆来制作握柄时，可用铁丝以十字形方式穿过底部来制作手柄。
- 将槟榔芯单枝剪下，在数小枝中心加入一根铁丝再捆绑紧，则槟榔芯的枝条可随意弯折出曲线造型。
- 在龟背叶的叶基部穿入"U"形铁丝固定后，叶片在铁丝的作用下即可随意弯折。

金色 红色

很多装饰物中都有金属色，在圣诞节的装饰中更为常见，如圣诞球、金属铃铛等。金属色具有很强的反光，因而有非常强的装饰效果，在节日的礼物中应用较多。

本作品是一个心形礼盒，礼盒原本没有什么与众不同，但是因为用金色喷漆涂饰的玫瑰茎秆，具有强烈的金属感，使作品显得非常有装饰效果。

主花材： 1 橙红玫瑰 2 常春藤 3 玫瑰枝

色彩运用说明

- 金属色作为点缀，能增加作品的装饰感，使作品更加夺目。
- 金色是色彩当中的稳定剂，可以让所有颜色看起来更加高贵、成熟。它使浅淡的颜色更加饱满，使艳丽的色彩变得沉稳。
- 玫瑰茎干喷成闪亮的金色，增加了作品的华丽感。并使得鲜艳而跳跃的朱红色玫瑰，艳丽而又倍加高贵。

技巧运用说明

- 常春藤可以整根盘入礼盒，但为了使常春藤叶子舒展美观，也可将常青藤剪成小段插入。常春藤会将玫瑰的花朵衬托得更娇艳。
- 一定要选择比较厚的礼盒，玫瑰顶部与盒盖之间留有一定空隙，以便给金色玫瑰秆留出空间。

金属红色 绿色

金属色闪亮有光泽,金属感的红色更是具有华丽热烈的气质,因为非常适合用于装点节日。本作品是一个圣诞作品,其中应用到金属红的圣诞球、红色康乃馨、绿色叶材、绿色丝带。整体色彩对比强烈,给人很强的视觉冲击力。

主花材: 1 红圣诞球 2 红康乃馨 3 红瑞木 4 云杉 5 侧柏

色彩运用说明

- 在没有添加金属球之前,作品的圣诞气氛并不强烈,添加了金属球和丝带之后,金属色的装饰作用立刻使圣诞氛围显现出来。
- 金属红色的特性与红色相似,但更具有装饰性,适于表现华丽及节日气氛。

技巧运用说明

- 将红瑞木贴于花泥侧面,铁丝弯成"U"形,夹住红瑞木并插入花泥中来固定。两个"U"形针一上一下插入就能将红瑞木很好地固定。
- 用细铁丝缠住圣诞球上凸出的小柄并作出插杆,就可方便地将圣诞球插入花泥当中了。也可用结实的废弃花杆直接插入圣诞球的小孔,做成插柄。

金属蓝色 灰色

蓝色是典型的冷色，金属蓝不仅具有普通蓝色的冷，还因其具有坚硬的金属光泽，所以更显清冷，加入金属蓝的作品其冷调的感觉会更加强烈。在蓝色与金属蓝的的搭配中添加银色、灰色不会改变蓝色的色彩感觉，但却会使颜色变得更加朦胧、柔和。本作品巧妙地使用了蓝色的架构，将花材巧妙地布局在架构之中，部分花材若隐若现，空间线条优雅飘逸，使得作品更加立体与优雅。除了在圣诞节期间使用，在炎热的夏季也会有不错的效果。

主花材： 1 蓝圣诞球 2 云龙柳 3 浅蓝色绣球 4 银叶菊 5 银色干莲蓬
配　材： 1 斑春兰叶

色彩运用说明

- 在作品中添加银色、灰色的花材，能够降低原有色彩的强烈对比感，变得柔和。
- 金属蓝色具有普通蓝色的冷调的特征，但其具有金属光泽，所以颜色更加的清冷，因而加入金属蓝的作品其冷调会加强。
- 深色的材料会增加色彩的分量感。
- 银色在作品中加强了蓝色的金属感。
- 在进行花艺装饰时，金属银色、金属蓝色以及金属紫色等冷调色彩，虽然具有现代感和时尚感，但其具有冰冷的感觉，所以在热闹的圣诞节或春节，使用时要慎重。

技巧运用说明

- 在水平架构作品中，使用斑春兰叶时，要避免将所有的叶子形成一个平面，可让其相互交叉分布。
- 在进行花艺制作时不需要把所有的花材都完全显露出来，将一部分花材放置于后部，令其若隐若现，可增强作品的立体感。
- 给干莲蓬喷漆上色时，每次喷漆要薄，要一层一层地喷涂，少量多次，这样既可以省漆也可以快速干燥，并避免产生油漆流淌的问题。

金属桃红色 桃红色

金属色具有强烈的时尚与现代感，所以在花艺设计中会经常运用到该类色彩。但因其金属光泽在具有装饰作用的同时也具有一定的破坏性，所以为避免金属色过强，常选择与金属色相同色系的花材进行设计。本作品中就使用了此类搭配方法，运用了桃红色与金属桃红色的搭配。桃红色千代兰在金属色的光芒之下并没有显得暗淡，反而在金属色的衬托之下更加闪亮、迷人。

本作品巧妙使用了圣诞球作为插花容器，可以不用花泥，圣诞球花器可以反复使用，因此这也是一款环保型的插花作品。

主花材： 1 紫红色康乃馨 2 玫红色千代兰 3 粉色澳洲蜡梅 4 桃红圣诞球
配　材： 1 刚草

色彩运用说明

- 金属色在具有装饰功能的同时也具有一定的破坏性，因此为避免金属色过强，可选择与金属色相同色系的花材。
- 少量的同色系金属色可以使原本的色彩更加闪亮。
- 桃红色的千代兰非常鲜艳，而金属桃红色的强烈闪亮感可以把桃红色千代兰的颜色比下去，在搭配的时候一定要控制好色彩的比例及分布。

技巧运用说明

- 用细铁丝一端缠住圣诞球上凸出来的螺丝口处，另一端螺旋转成弹簧状，这样加工出来的圣诞球更具装饰性及变化感。
- 将所有加工过的圣诞球放入花器中，并使其螺丝口全部朝上，铁丝相互缠绕固定，加入清水，制作成插花容器。
- 此作品需要较柔软的刚草，可抓一把刚草并将其保持直立，轻轻抖动一下，垂落在外围的那些通常是最细软的刚草。

金属香槟色 香槟色

大部分的金属色具有强烈的闪亮感,搭配起来比较困难。但也有一些金属色的色彩比较柔和,如古铜色、金属香槟色等。在进行色彩搭配的同时,这款作品还使用了优美的架构,将娇媚的花儿与柔和的曲线组合在一起,表现得优美且现代感十足。

主花材: 1 红茵郁 2 灰橙色小菊 3 香槟玫瑰 4 香槟色圣诞球
配　材: 1 一叶兰 2 刚草

色彩运用说明

- 与较柔和的颜色相似的金属色,其色彩也会比较柔和,与其他色彩搭配不会在视觉上产生冲突,因此是很好的搭配色。
- 金属香槟色较为柔和,在花艺作品中能够突出并装饰花材的色彩,而不会喧宾夺主。
- 金属色对暗色具有较强的削弱效果,会让暗色显得更暗沉,因此在搭配时尽量使用明亮一些的颜色。

技巧运用说明

- 细竹丝相互交错的曲线,构成错落的网状,使得纤细的竹丝能够承担较大的重量;注意竹丝的交叉点一定要扎紧,才能使架构更结实。
- 安装圣诞球时注意作品的节奏感,大小球相互穿插地搭配,并掌握适当的间隔。
- 根据一叶兰平行叶脉的特性,将一叶兰撕成条形网状来应用,使得一叶兰更具有变化性。

金属银色 紫色

银色是最标准的金属色,坚硬而又冰冷,在所有金属色中是最具有调节作用的颜色之一。紫色通常给人冷艳、高贵的印象。本作品是一款银色与紫色搭配的欧式节日花礼。作品使用组群的插作技法,将相邻的花材以不同色彩分布,突出了作品的色彩特征。银色具有金属光泽,装饰性更强,在作品中能够削弱色彩间的强烈对比。本作品色彩明艳、夺目,造型简洁大方,非常适合圣诞节或元旦等节日,也可以作为宴会的桌花来使用。

主花材: 1 圣诞球 2 叶牡丹 3 蓝紫色洋桔梗 4 紫红小菊 5 紫红色康乃馨 6 玫红色千代兰 7 毛地黄 8 紫色绣球
配　材: 1 云杉 2 侧柏 3 绿色朱蕉

色彩运用说明

- 在作品中加入银色,可削弱色彩间的强烈对比。
- 银色的作用接近灰色,可以与几乎所有色彩搭配,其与灰色的不同就是银色具有金属光泽,装饰性更强。
- 银色对光照要求较高,好的光照,可令银色产生闪烁的梦幻感,但在昏暗光线下会表现出冷硬、灰暗等不好的效果。
- 紫色与灰色缎带的蝴蝶结加入作品中,起装饰的同时,还将作品的主要色彩延伸到白色的花器当中,增强协调感。

技巧运用说明

- 插花时将花材剪成斜口来插,既方便插入花泥,又能增加花材吸水面积。
- 相邻花材之间应有一定的区别,可以从不同质感、色彩等方面来表现变化感。

金属紫色　浅紫色

紫色是比较暗的颜色,具有很强的收缩性,但金属所具有的反光性,使紫色跳跃出来,但需要很好的光源。案例作品是一款精美的手提式新娘手花,较暗的金属紫色陪衬、装饰着深、浅不同的紫色使浅色的花显得更加娇艳,很好地诠释了紫色的魅力。这款手花保水性好,能够较长时间保持新鲜。

主花材: 1 紫色洋桔梗 2 紫色绣球 3 紫色玫瑰 4 粉色澳洲蜡梅 5 紫色圣诞球
配　材: 1 银叶菊

色彩运用说明

- 铁丝的颜色要与作品中圣诞球的色彩尽量保持一致,才有比较好的效果。
- 金属色因其反光,通常都比同类的普通颜色更夺目。
- 有暗色的陪衬,浅色会显得更明亮,因此在色彩搭配时可以选择暗色的金属球来搭配浅色花材,这样能防止金属色抢夺花材的颜色。

技巧运用说明

- 在制作手提式新娘手花的容器时,应将圣诞球的装饰帽去掉,并使用相同长度的金属丝。
- 作品的手柄可用同色的圣诞球制作,使作品上下呼应。

七彩光 浅色

七彩光,通常让人联想到彩虹以及一些美好灿烂的事物,不过在自然界中比较难找到有七彩颜色的花材,而在许多装饰物和现代科技产品中却是能找到相应的色彩,比如光盘,通过对光的折射而散发出七彩的颜色。案例作品是光盘配合白的、粉的、绿的、藕荷色的花材,制作的一款精致而特别的手捧花,相信一定能博得许多新娘的喜爱。

主花材: 1 绿小菊 2 紫勿忘我 3 紫红小菊 4 粉色澳洲蜡梅 5 白玫 6 欧洲郁金香 7 光盘

色彩运用说明

- 七彩光也有人叫镭射光,因一些镀层面反光、折射而形成,并不是常见的色彩,但非常华丽、耀眼,具有梦幻般的感觉。搭配其他颜色都会容易出挑。
- 白色玫瑰配合粉色澳洲蜡梅、藕荷色勿忘我及绿色小菊形成丰富的色彩效果,与光盘的七彩光相得益彰。
- 七彩光可以提升浅色的光泽感,从而很好地起到装饰美化的作用,让浅色表现出华丽的效果。
- 点缀上闪亮的水晶颗粒做装饰,强化色彩的华丽感,并突出七彩光的闪亮及奢华感。

技巧运用说明

- 将花泥削成适当大小的圆柱形,用鸡笼网固定,然后粘贴上两张光盘形成插花载体。手柄则是由铁丝缠绕彩绳弯折成形。
- 插花时保持花杆方向指向圆环中心点,这样插出来的环形会比较美观。
- 在小菊中插入一节细铁丝,再轻轻弯折花头,因有铁丝的力量,花头可以保持弯折也不会被折断,并且不影响吸水。

编　　著：万宏
总　策　划：花艺在线 cnfloral
参编人员：王静　雷宏美　田文帝　邵倩茹　李玉磊

图书在版编目（CIP）数据

实用花艺色彩／万宏著．—北京：中国林业出版社，2013.4（2024年3月重印）

ISBN 978-7-5038-6982-2

Ⅰ.①花…　Ⅱ.①万…　Ⅲ.①花卉装饰－装饰色彩　Ⅳ.①J525.1

中国版本图书馆CIP数据核字（2013）第045142号

策划编辑：何增明　印芳
责任编辑：印芳

出版发行：中国林业出版社（100009　北京西城区德内大街刘海胡同7号）
　　　　　http://lycb.forestry.gov.cn
　　　　　电话：(010) 83227584
制　　版：北京美光设计制版有限公司
印　　刷：河北京平诚乾印刷有限公司
版　　次：2013年4月第1版
印　　次：2024年3月第9次
开　　本：710mm×1000mm　1/16
印　　张：15
字　　数：450千字
印　　数：7001～10000
定　　价：88.00元